JN026808

高見知英
Chie Takami

よく分かる

パワーオートメート
Power Automate

ルーチン作業の自動化を成功させる方法

インプレス

本書は、2023年11月時点の情報を掲載しています。
本文内の製品名およびサービス名は、一般に各開発メーカーおよびサービス提供元の登録商標または商標です。
なお、本文中にはTMおよび®マークは明記していません。

はじめに

　Power Automate（パワーオートメート）は、Microsoftが提供するコラボレーションプラットフォーム、Microsoft Power Platformのサービスの1つあり、業務内で発生するさまざまなワークフローを自動化するためのサービスです。ワークフロー全体にかける時間と工数を大幅に節約し、自分たちが本当にやらなければならないことに集中できる、そんな環境を構築することが可能です。

　業務のデジタルトランスフォーメーション（DX）が叫ばれる昨今、業務の効率化や、定型的な作業の自動化は、もはや避けて通れるものではありません。日頃の業務をまとめ、重複する作業を見つけ出し、効率化する。その過程で、プログラマのような専門知識がなくても、コンピューターに行わせたいことを記述できる環境であるローコード環境が必要になることもあるでしょう。

　本書で紹介するPower Automateのクラウドフローはまさに、そのような業務の自動化に特化した環境です。業務上で用いるさまざまなインターネットサービスで発生した事象を、ほかのインターネットサービスに伝える。インターネットサービスで発生した事象を、自らのスマートフォンやメールなどに通知する。そのようなプログラミングをしなければ困難であった内容を、Power Automateなら、専門的なプログラミング知識なしに実現できます。

　またPower Automateは、すでにプログラミングの知識を持っている方にも有用なツールです。システムの構築や維持にコストのかかるインターネットサービスとの連携をPower Automateに任せることで、フローのロジックや、社内のほかのシステムに集中することが可能です。

　Power Automateは、既存の環境やツールと異なる点が多々あるため、利用の際に戸惑ってしまう面もあります。そこで本書では、Power Automateの基礎知識に加えて、実際のフロー作成を通し、よくあるトラブルや気づきづらいポイントにも注目してしっかりと解説しています。
　みなさんもPower Automateのクラウドフローを用いて、業務の効率化を目指してみませんか？

2023年11月
高見知英

CONTENTS

chapter 6 | タスクとスケジュールを管理しよう

chapter 7 | フローの効率的な作成と運用

▼本書サンプルファイルのダウンロードについて

本書で使用しているサンプルファイルは本書情報ページからダウンロードできます。パソコンのWebブラウザで下記URLにアクセスし、「●ダウンロード」の項目から入手してください。ファイルはzip形式で圧縮しているので、展開してからご利用ください。

https://book.impress.co.jp/books/1122101125

Power Automateって何だろう？

Power Automateで タスクを自動化!

今度定例連絡網を管理することになったんです。連絡網の整備が大変で……。いい方法ないですか?

こっちは毎週の会議準備で手一杯ですよ。会議室の予約と議事録の用意、毎回結構手間なんですよね。オンラインでの会議となった分、回数が多くて……。

やることが多くて大変そうだね。それではPower Automate (パワーオートメート) を使ってみるのはどうだろう?

Power Automate ?

Power Automateは、Microsoftが提供しているタスク自動化サービスなんだ。昨今話題のローコードツールの1つともいえるかな。ほかのツールに比べてやや複雑さはあるものの、汎用性があり、複数のサービスを連動したり、定型的な作業を自動化したりすることができるんだ。

それはどういうものなのでしょうか?　ぜひ使い方を教えてください!

まずはこの画面を見てもらえるかな。これは翻訳結果をメールで自動送信する「フロー」だ。Power Automateでは、こんな感じに画面上で手順を並べてフローを組み立て、業務を自動処理できるんだよ。

面白そうですね!

うーん、自分の業務にピッタリのフローがあるかな?

 それはフローの組み立て方次第だよ。まずはPower Automateがどんなサービスなのか掘り下げて説明していこう。

🐾 chapter 1 で学ぶこと

・Power Automate というサービスの位置づけ
・コネクタとフローについて
・契約体系

クラウドフロー　コネクタ　フロー

Power Automateとは

Power Automate とはそもそもどういう位置づけのサービスなんでしょう？

それではさっそく、Power Automate の概要を見てみよう。

Power AutomateとPower Platform

Power Automate は、**定型的なタスクの自動化**を目的に、Microsoft が提供しているサービスです。Power Apps や Power BI などのサービスとともに Microsoft Power Platform 製品の1つとして提供されています。

Microsoft Power Platform

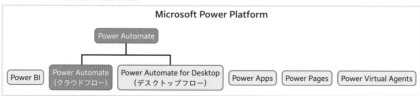

▲Microsoft Power Platform にはさまざまなものが含まれている。Power Automate はその中の1つ

本書で解説する Power Automate は、Power Automate（クラウドフロー）と Power Automate for Desktop（デスクトップフロー）の2つに分かれていますが、この2つはできることや内容が大きく異なります。

- **Power Automate（クラウドフロー）**：**オンライン上で動作するサービス**で、Web上でのタスクの自動化や、複数サービスの運用を簡略化することができるサービスです。
- **Power Automate for Desktop（デスクトップフロー）**：**パソコン上で動作するアプリケーション**で、パソコン内の操作を自動化することができます。

クラウドフローとデスクトップフロー

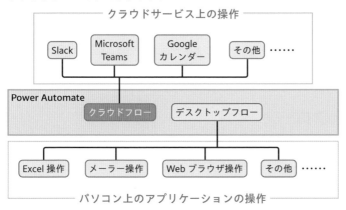

▲クラウドフローとデスクトップフローでは対象が異なる。本書はクラウドフローについて解説する

Power Automate（クラウドフロー）でできること

Power Automate（クラウドフロー）では、次のようなことを実現可能です。

● 特定のメールが届いたときに、特定の操作を行う
● Office ファイルに日々決まった情報を書き込む
● メールに記載された予定を Google カレンダーなどの Web カレンダーに登録する

　Power Automate（クラウドフロー）では、さまざまなサービスが**コネクタ**という形式で提供されており、これらを組み合わせることで目的の動作を実現することができます。
　なお、**Power Automate（クラウドフロー）では以下のようなことを実現することはできません**。このような動作を実現するためには、Power Automate for Desktop（デスクトップフロー）を使用します。

● パソコン上で起動している Web ブラウザの画面に表示されている内容を見たり、自動的に操作したりする
● パソコン上で起動している Excel を操作して、ファイルを変更する

　Power Automate for Desktop（デスクトップフロー）はパソコンの画面中の操作を自動化するための環境ですが、インターネットサービスに対する操作はかなり限定されています。

本書では主にインターネットサービスに対する処理の自動化を重点的に解説するため、**Power Automate（クラウドフロー）のみを解説します。**Power Automate for Desktopの使い方については解説しません。また、本来クラウドフローとデスクトップフローを合わせてPower Automateと呼びますが、本書では以降、**クラウドフローを指してPower Automateと呼びます**。

コネクタとフロー

Power Automateでは、**コネクタ**を組み合わせた処理のかたまりを、**フロー**と呼びます。

■ Power Automateのコネクタ

Power Automateには、Microsoftのサービスや、Googleカレンダー、Slackなどの他社サービスなどさまざまなサービスに対応した**コネクタ**が存在します。コネクタ内にはトリガーとアクションが用意されています。**トリガー**は「あるサービスで何かが起こった」という事象のきっかけを表し、**アクション**は「サービスで何かを行う」処理を表します（詳しくはchapter 2以降で解説）。

標準コネクタ（一般的なサービス）の一覧

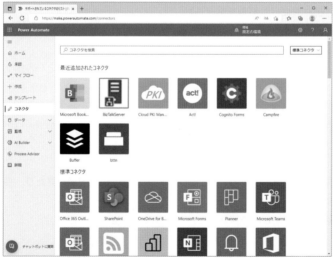

▲Power Automateでは、Microsoftのサービスのもの以外にも、さまざまなコネクタが用意されている

■ Power Automate のフロー

　フローは1つのトリガーと1つ以上のアクションからなり、トリガーとなる出来事（ボタンが押された、メールが届いた、など）が発生したときに、メールの返信やMicrosoft Teamsへのメッセージ投稿、OneDriveへのファイル書き込みといった、さまざまなアクションを行えます。

フローが実行できる処理の例

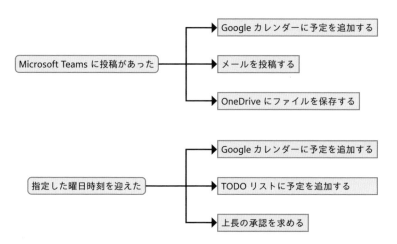

▲「Microsoft Teams に投稿があった」「指定した曜日時刻を越えた」といったトリガーを起点に、アクションを行うことが可能

　そのほか、フローの中には「投稿文に特定の文字列が含まれていたら」などの**条件分岐**や、「同じ操作を複数回行う」などといった**繰り返し操作**、データを記憶、加工、出力することができる**変数や関数**などのプログラミング的な要素を含めることができ、かなり柔軟なフローを作成できます。

Power Automateとノーコード・ローコード

すでにほかの場面でノーコードやローコードといった言葉を聞いたことがあるという方も多いかもしれませんが、ここで改めて説明しておきましょう。

デジタルトランスフォーメーション（DX）の必要性が叫ばれる昨今、ノーコードやローコード、そしてRPAツールなどを使用することによって、日々の業務を簡略化、効率化しようという動きは、さまざまな企業で増加しています。

ノーコード環境

ノーコード環境とは、本来、プログラミングを含むある程度専門的な知識が必要な作業を、コーディングせず、ドラッグアンドドロップなどの画面操作だけでコンピューターに行わせたいことを記述できる環境です。

イメージとしては、積み木を使ってなんらかの模型を作る作業が近いでしょう。柔軟な作業ができない代わりに、予備知識なく簡単に、日常的な作業を効率化することができます。

ローコード環境

対してローコード環境とは、数式を組み合わせるなど最低限のプログラミング的な作業を必要とするものの、アクションを組み合わせて使用するというノーコードの性質を持つ環境です。ノーコード環境に比べて学習しなければいけないことは増えるものの、学習コストを抑えつつ、ある程度自分や自社の仕事に合わせた業務の効率化を行うことができます。

イメージとしては、より複雑な形をした積み木を使って模型を作る作業に近いでしょう。シンプルな積み木を使うときより具体的なイメージを伝えることができる代わりに、組み合わせ方などにある程度の知識や経験が必要になってくる場合もあります。

ノーコード環境とローコード環境

ノーコード環境	ローコード環境
ドラッグアンドドロップなどの画面操作だけで、コンピューターに行わせたいことを表現する。	数式入力など最低限のコード入力で、やりたいことを表現する。
○予備知識がなく、簡単に扱える ×柔軟な作業はできない	○ある程度柔軟な作業を行わせることも可能 ×組み立てにある程度の知識が必要

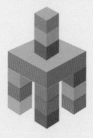

Power Automate は、数式や関数などを入力することもあり、最低限プログラミング的な知識を必要とする場面もあるものの、コーディングをしなければいけない場面は最低限なツールです。そのため Power Automate はローコード環境の1つといえます。
扱うのに若干の知識経験が必要になりますが、その代わり、いざ使いこなせるようになると強力なツールとなります。

RPA と Power Automate

RPA とは、Robotic Process Automation の略で、コンピューター上のさまざまな処理を簡略化・自動化するための手法の1つです。その中でローコードやノーコードといわれるツールを使うことがあります。それぞれのツールの呼称については詳しく知る必要はないかと思いますが、誰かにツールの説明をするときなどのために覚えておいても損はないでしょう。

（料金プラン）

Power Automateの 契約体系

さっそく使ってみたいです！ 使うためにはどうすれば いいんでしょうか？

Power Automate は無償でも基本的な機能は利用できるけ ど、目的によっては月額や年額での支払いが必要となるん だ。そのほか、フローが呼び出された分だけ支払う従量 課金制のプランも提供されているよ（2023年11月時点）。

契約体系の分類

Power Automateには、大きく分けて次のような契約体系があります。

- 無料トライアル
- Microsoft 365 法人向け契約
- Power Automate プラン契約

　無料トライアルはメールアドレスだけあれば使えるもので、**フローの呼び出し間隔 や、利用できるコネクタに制限**があります。

　Microsoftは Microsoft Office製品のサブスクリプションサービスとして、 **Microsoft 365**というサービスを提供しています。Microsoft 365には家庭向け （Familyや Personal）と法人向け（Business Basic/Standardなど）のプランがあり、 Microsoft 365を法人契約しているアカウントでPower Automateを使うと、利用可 能なコネクタの数が増えます。

　それとは別に、Power Automate単独の契約を行うことも可能で、それによってさ らに Power Automateでできることが広がるようになっています。Power Automate プランの契約体系には、ユーザーごと、フローごと、月額課金（サブスクリプション） プランと従量課金プランなどさまざまなプランがありますが、本書で解説する範囲で は大差ないため、ここでは詳しく解説しません。

1
Power Automateって何だろう？

本書で使用する契約形態

本書では基本的に、無料トライアルで使用できるコネクタを用いたフローを掲載しています。ただし、一部Microsoft 365法人向け契約を必要とする機能も解説しているため、該当箇所には「有料のみ」と記載しています。

なお、Power Automateプラン契約が必要なプレミアムコネクタについては、Adobe Creative Commonsなど別のサブスクリプションサービスとの連携を行う高度なコネクタが多いため、本書では解説しません。

契約体系ごとの違い

Power Automateには大きく分けて3つの契約体系があることをお話ししました。これらの契約形態では、次の点が異なります。

■ 利用可能なコネクタ

Power Automateの契約形態によって、使用できるコネクタが変わります。コネクタは大まかに次の2つに分類されます。

●標準コネクタ

Microsoftサービスのほか、GitHubやSlack、メールなどの一般的なサービスと接続するためのコネクタ

●プレミアムコネクタ

Adobe Creative CloudやAmazon S3（AWSというクラウドで提供されているストレージサービス）、汎用的なインターネット通信、外部サービスからの呼び出しの待ち受けなど、業務向けに用いられるサービスと接続するためのコネクタ

　標準コネクタの中にはMicrosoft 365が提供するサービスを利用するものもあり、それらはMicrosoft 365法人向け契約をしていないと利用できません（Power Automateでは、Microsoft 365に関するコネクタはすべて、Microsoft 365法人向け契約により使えるようになるサービスを対象としたものだけになります）。

　また、プレミアムコネクタの高度なものはPower Automateプランでのみ使えますが、外部サービスからの呼び出しの待ち受けや承認処理（P.32参照）を行うためのコネクタについては、Power Automateプランを契約していなくても、Microsoft 365法人向け契約をしていれば利用可能です。

■ フロー実行回数の制限

Power Automate プランとそれ以外で、実行できるフローの回数に制限があります。24時間内のフロー実行回数が、Power Automate プランでは最大25万回、それ以外では最大6000回となっています（2023年11月時点）。

いずれにせよ6000回はかなりの数ですから、よほど頻繁に行われる処理を Power Automate で実現しないかぎり、問題となることはないでしょう。

> プランごとに、利用可能なコネクタと、フローの実行回数制限が違うんですね。

> そうそう。そこがプラン選びのポイントだよ。

プランごとの機能差異のまとめ

これまでの内容をまとめると、次のようになります。

- 無料トライアル：標準コネクタのみの利用、実行回数の制限
- Microsoft 365 法人向け契約：標準コネクタと一部のプレミアムコネクタ（承認処理など）の利用、実行回数の制限
- Power Automate プラン契約：プレミアムコネクタの利用、実行回数の制限緩和

プランごとの機能の違い

	標準コネクタの利用	プレミアムコネクタの利用	フロー実行回数の制限
無料トライアル	○	×	あり
Microsoft 365 法人向け契約	○	△（一部のみ）	あり
Power Automate プラン契約	○	○	制限緩和

```
┌─────────────────────────────────────────────────────┐
│              Power Automate プラン契約                  │
│  ┌───────────────────────────────────────────────┐  │
│  │            Microsoft 365法人向け契約             │  │
│  │  ┌─────────────────────┐                        │  │
│  │  │    無料トライアル      │                        │  │
│  │  │  ┌───────────────┐  │  ┌───────────────┐     │  │
│  │  │  │  標準コネクタ    │  │  │  一部のプレミアム │     │  │
│  │  │  │   の利用        │  │  │  コネクタの利用  │     │  │
│  │  │  └───────────────┘  │  └───────────────┘     │  │
│  │  └─────────────────────┘                        │  │
│  │  ┌───────────────┐     ┌───────────────┐        │  │
│  │  │  全プレミアム    │     │  フロー呼び出し回数 │        │  │
│  │  │  コネクタの利用  │     │  などの制限緩和   │        │  │
│  │  └───────────────┘     └───────────────┘        │  │
│  └───────────────────────────────────────────────┘  │
└─────────────────────────────────────────────────────┘
```

▲ 無料トライアル、Microsoft 365法人向け契約、Power Automate プラン契約の順に、機能が多くなっていく

　Power Automate は、無料トライアルでも標準コネクタのみであれば、利用することが可能です。まずは無料トライアルから始めてみるといいでしょう。

いろいろなプランがあって、ちょっと混乱しますねー。

実際のところ、Power Automate を利用できるプランは種類が多くて、把握しにくいのは否めないね。

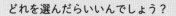
どれを選んだらいいんでしょう？

まずは無料トライアルに触れて、Power Automate で何ができるのかを学んでみることをおすすめするよ。

そうなんですね。でも、無料トライアルってどうすれば始められるんですか？

Microsoft 365のWebサイトで始められるよ。その点は次のchapterで解説していこう。

わかりました、楽しみです！

chapter 2

Power Automateの
基礎を理解しよう

フローの作り方

Power Automateの 使い始めに学ぶこととは?

ここまでで、Power Automate とは何かはおおよそわかったかな?

ひとまずMicrosoftのオンラインサービスだということは理解しました。専用のPower Automate プランを契約しなくても、Microsoft 365 の法人向け契約をしているだけで利用できるということがわかりましたよ。

そうだね。プレミアムコネクタを使わない業務であれば、Power Automate 専用の契約なく仕事で十分活用できるんだ。実際の業務で使うなら Microsoft 365 は契約したほうがいいけど、本書では無料トライアルをメインに使って解説していくよ。

今回は、Web上でのタスクの自動化ができる「クラウドフロー」について学べるってことなので、仕事でいろいろ活用できそうですね。

そうだね。「クラウドフロー」だとほかのサービスとの連携がしやすいから、いろいろなことに使えると思うよ。

ところでPower Automateは、どのように使うのですか。見たところフローの作り方が複雑で、結構コツが必要なようですが……。

ものすごく簡単なものは、各コネクタの「アクション」というものを並べるだけでできるよ。加えて「変数」「条件分岐」「繰り返し」といったプログラミング要素もあって、それらを使うともっと複雑なことができるんだ。

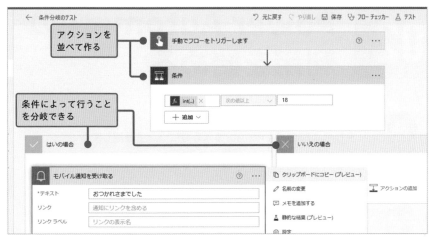

プログラミングは経験したことがないんですよね……。

プログラミングといっても、マウスを使った操作だから、そこまで難しくはないんじゃないかな。ここからは簡単なフローの作成を通して、基本的な考え方を学んでいこう。

なるほど、安心しました！

よろしくお願いします！

🐾 chapter 2 で学ぶこと

・Power Automate の始め方
・Power Automate の画面構成
・フローの作り方
・変数、条件分岐、繰り返しの使い方

2
Power Automate の基礎を理解しよう

section 02

Power Automateの利用を始める

それではPower Automateの始め方について確認していこう。

Power Automateの利用を開始するには

本sectionでは、Mircrosoftアカウントを持っていない人や、すでに所持しているMircrosoftアカウントをPower Automateでは使いたくない人が、Power Automateの無料トライアルを開始する方法を解説します。

もしすでにMicrosoft 365、またはOneDriveなどのMicrosoftサービスを利用している場合は、Microsoft 365のページ（https://www.microsoft365.com）からPower Automateを選択するだけで、無料トライアルを開始できます。下図の操作を行ったら、P.28へ進んでください。

Power Automateを選択する（Microsoftアカウントを所持している場合）

❶左上の⚙ボタンをクリック

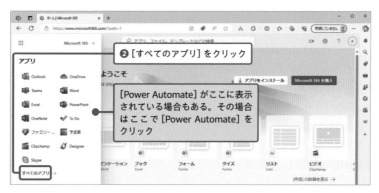

❷［すべてのアプリ］をクリック

［Power Automate］がここに表示されている場合もある。その場合はここで［Power Automate］をクリック

❸ [Power Atuomate] をクリック

Power Automateの無料トライアルを開始する

　Mircrosoft アカウントを持っていない人や、すでに所持している Mircrosoft アカウントを Power Automate では使いたくない人は、Power Automate の公式ページから、無料トライアルに申し込むことで利用を開始できます。まずは、Power Automate の Web サイト（https://powerautomate.microsoft.com/ja-jp/）を開き、次の操作を行ってください。

❶ [無料トライアルを始める]
をクリック

　ページの最下部にスクロールするので、メールアドレスの入力欄に、Power Automate を使用するためのメールアドレスを入力します。

❶アカウントに使用する
　メールアドレスを入力

❷ [無料で始める] を
　クリック

次のページに続く

次のように個人用のメールIDを入力した旨のメッセージが表示されます。今回は無料トライアルを始めるため、下部に表示される［この電子メールで続行する］をクリックします。

 使用できるメールアドレスは？

ここで指定するメールアドレスは、Microsoft 365の法人向けアカウントのメールアドレス以外であれば、どのようなものでも使用可能です。
Microsoft 365の法人向けアカウントの場合は、P.24で説明した方法で、Microsoft 365のWebサイトからPower Automateを使用してください。

サインイン情報を入力する

次に、指定したメールアドレスへのサインイン画面が表示されます。先ほど入力したメールアドレスが、Windowsへのサインインなどで利用可能なMicrosoftアカウントとして設定されている場合は、パスワードを入力してサインインを行います。

そうでない場合は、［(メールアドレス)についての電子メールコード］をクリックします。

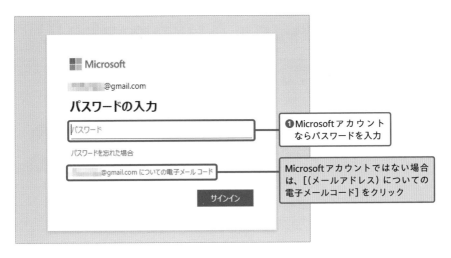

❶Microsoftアカウント
ならパスワードを入力

Microsoftアカウントではない場合
は、[(メールアドレス) についての
電子メールコード] をクリック

　サインインが完了すると、はじめて Power Automate にアクセスした場合、次の画面が表示されます。国/地域を確認して先に進みましょう。

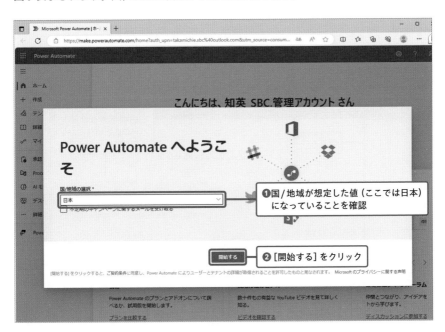

❶国/地域が想定した値 (ここでは日本)
になっていることを確認

❷[開始する] をクリック

section 03

サイドバー　マイフロー画面

Power Automateの画面構成を知ろう

Power Automateのホーム画面が出てきました！　ここからPower Automateを使うんですね！

そうだよ。まずは、画面の使い方を見ていこう。あわせてスマートフォンアプリの導入方法も説明するよ。

Power Automateのホーム画面

Power Automateのホーム画面は、サイドバーの選択により切り替わる構成となっています。

Microsoft Power Automateホーム画面

サイドバーの各項目の役割

　まずは、画面左にある**サイドバー**を見てみましょう。サイドバーからは、フローの
管理画面を表示できるほか、あらかじめ用意されたフローテンプレート、さまざまな
学習コンテンツへのアクセス、承認待ちとなっている処理の確認などが行えます（無料
トライアルでは承認処理が行えないため、承認画面を開くことはできません）。隠れて
いる項目もあり、サイドバー下部の［詳細］をクリックすると表示されます。

サイドバーの選択項目

名前	機能	有料のみ
ホーム	ホーム画面に戻る	
作成	新規にフローを作成する画面。テンプレートからフローを作成することも可能	
テンプレート	Power Automate に用意されているフローのテンプレートを一覧表示・検索できる画面	
詳細	ヘルプを表示する	
マイフロー	すでに作成したすべてのフローの確認・編集・実行ができる	
承認	Power Automate の承認コネクタによって送信された承認のうち、未処理の承認を確認できる	有料のみ
ソリューション	Microsoft 365 ユーザーが Power Automate の機能を利用する際の詳細な設定を管理する画面。Microsoft 365 法人向け契約でないと項目自体、画面に表示されない場合がある	有料のみ
Process mining（プロセスマイニング）	プロセス監視により、Power Automate の利用機会を探る Process mining 機能を使用する画面	有料のみ
AI モデル	さまざまなデータを AI 処理するための AI モデル機能を管理する画面	有料のみ
デスクトップフロー活動	作成したデスクトップフローの状況を確認できる	
テーブル	他 Web サービスとの接続状況確認や、SharePoint などのデータサービスとの接続状況を確認できる	有料のみ
接続	Power Automate に用意されているコネクタの一覧や使用方法の確認が行える	
クラウドフロー活動	作成したクラウドフローの状況を確認できる	
マシン	コンピューターとそこで動作するデスクトップフローについての状態を確認できる	有料のみ

2

Power Automate の基礎を理解しよう

本書で使用するのは、主に［作成］の画面のみです。しかし、それ以外の画面も Power Automateの特徴的な機能なので、ここで主なものの概要を説明します。無料トライアルでは使用できない機能もありますが、今後有料の機能を使う予定がある方は参考にしてください。

マイフロー画面

　すでに作成したフローを一覧表示したり検索したりできるほか、フローの編集や実行、削除が行えます。

　この画面でフローを選択すると、個々のフロー編集画面に遷移することができます。また、フロー名の右には次のようなボタンが表示されています。

マイフローの操作ボタン

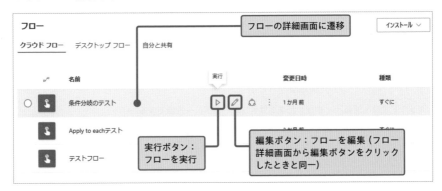

■ フローの詳細画面

マイフロー画面でフロー名をクリックすると、マイフローの詳細画面が表示されます。

　ここでは、フロー自体の編集や直近のフロー実行履歴の確認、所有者などの情報を
閲覧することができます。

■ 作成画面

　マイフロー画面で［新しいフロー］をクリックすると表示される作成画面では、フ
ローを新規に作成できます。

実際の使い方はあとで改めて説明しますが、Power Automate におけるフローは、次の5種類の方法で作成することが可能です（2023年11月時点）。

フローの作成方法

名前	機能
自動化した クラウドフロー	別サービスでの出来事をきっかけに動作するフローを作成する
インスタント クラウドフロー	何らかのユーザー操作によって実行されるフローを作成する。スマートフォンの Power Automate アプリや、Power Apps、Microsoft Teams などの起動ボタンのクリックをきっかけに動作する
スケジュール済み クラウドフロー	曜日や時刻などを指定して、定期的に実行されるフローを作成する
デスクトップ フロー	Power Automate Desktop のフローを作成する
Process Advisor	Power Automate のプロセスアドバイザー機能を利用してフローを作成する

また、さまざまなテンプレートから選択してフローを作ることも可能です。ただし、テンプレートには、現在利用しているプランでは利用できないコネクタが含まれていることもあります。

承認画面（有料のみ）

各フローの承認コネクタによって送信された承認処理が表示されます。

Power Automate では、フローが実行されたとき、そのフローの実行を継続するかどうかを利用者に委ねる**承認**という処理を行えます。たとえばこの承認機能は、次のようなフローを作成するのに使用できます。

- メール送信する文面を作成し、この内容で送信をしてもいいかどうか管理者確認を行うフロー
- フォームからのメール受信を行い、社員全員にその内容を通知してもいいかどうか管理者確認を行うフロー

承認機能を使用すると、フローの実行途中に「管理者確認」というワンクッションを置くことができる。影響が大きい処理の前に管理者確認を追加し、安全なフローの実現が可能になるんだ。

承認処理の流れ

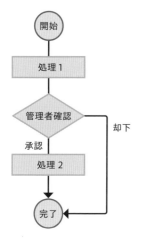

▲承認処理を使うと、管理者による承認がないとフローの一部が実行されないようなフローを作成可能

　上図の管理者確認が「承認」に相当し、承認か却下かの回答を出していない承認についてはすべて一時停止して保管され、承認画面で確認する形となります。
　承認処理の期限は、別途指定しない場合は30日となっています（2023年11月時点）。なお、承認処理の回答は、承認コネクタのアクションが実行されたときに送信されるメールからも行うことができます（スマートフォンのOutlookアプリを利用している場合、その場での応答も可能）。

■ 承認処理を行う方法

承認コネクタによる承認要求があると、承認画面の [受信済み] タブに承認が表示されます。ここで承認の行にマウスカーソルをのせると承認するか、拒否するかを示すボタンが表示されます。

承認要求があった場合

ここでどちらかのボタンをクリックすると、承認・拒否の詳細を入力するための画面が表示されます。ここでコメントを入力し、決定すると、フローの実行が継続されます。

承認要求の応答

2つのAI機能

Power AutomateにはAIを使った機能が2つあります。これらの機能については一部インターネットニュースなどでも取り上げられているため、聞いたことがあるという方もいるかもしれません。

1つは、**AIを使ってフローを自動的に作成する機能**です。そのフローで達成したい内容を自分の言葉で記述することによって、目的を達成するフローのひな形を生成することができる機能です。この機能はプレビュー機能であり、プレビュー環境を使用しているMicrosoft 365法人向け契約ないし、Power Automateプランを契約しているユーザーのみが利用できます（2023年11月時点）。

もう1つは、**AIを使ってテキストや画像の解析を行うフローを作成するAI Builder機能**です。こちらの機能はPower Automateプランを契約している人のみが利用可能な機能です。

本書では、Power Automateをはじめて使うという方を対象としているので、どちらの機能も解説しません。それぞれの利用方法を知りたい場合は、Microsoftの公式ドキュメントをご確認ください。

・**Microsoft Power Automateドキュメント**
　https://learn.microsoft.com/ja-jp/power-automate/

また、どちらの機能も理解して使うには、基本的な**Power Automate**の知識が必要になります。本書ではその基本的な知識を解説していきますので、しっかり確認しておきましょう。

AIを使ってフローを自動的に作成する機能

AI Builder機能

スマートフォン版のPower Automateアプリを使用する

P.44で解説するモバイル通知や、スマートフォン上からフローを実行する際には、**スマートフォン版のPower Automateアプリ**が必要です。このアプリはPower Automateの紹介ページからインストールすることができます。

なお、本書ではiPhoneを使って利用方法を紹介しますが、Androidスマートフォンの場合であっても、基本的に操作方法は変わりません。

まずはスマートフォン向けのPower Automateアプリをインストールします。このアプリは、Power Automateの紹介ページ（https://powerautomate.microsoft.com/ja-jp/）よりダウンロードが可能です。このページをスマートフォンで開き、ページ下部にあるそれぞれのストアのバナーをタップします。それぞれのストアの画面が表示されるので、画面の指示に従ってアプリのインストールを行ってください。

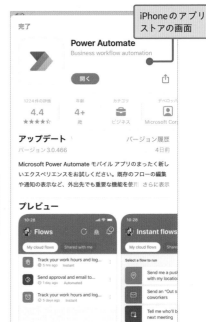

iPhoneのアプリ
ストアの画面

iPhoneを使用してい
る場合、App Store
のバナーをタップ

Androidスマートフォ
ンを使用している場合、
Google Playのバナーを
タップ

2

Power Automateの基礎を理解しよう

■ 通知を有効にする

このアプリは状況に応じてスマートフォンの通知機能を使用するので、通知を有効
にします。

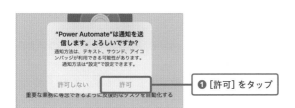

❶[許可]をタップ

■ アプリの利用を開始する

通知を有効にしたらチュートリアルが表示されます。画面を左にスワイプすること
で続きを読むこともできますが、今回はそのまま[開始する]をタップします。

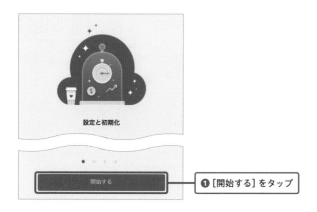

設定と初期化

❶［開始する］をタップ

　サインインを求められるので、パソコンでPower Automateにサインインしている
メールアドレスと同じものを入力します。

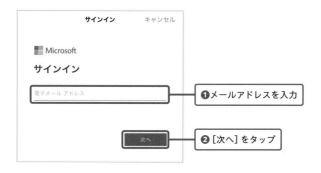

❶メールアドレスを入力

❷［次へ］をタップ

　以降のサインイン手順については、入力したメールアドレスの種類や、そのアカウント設定によって異なるため割愛します。

　サインインが完了すると、使用できるフローの一覧が表示されます。本書では、**このアプリは通知を受信するために使用する**だけなので、通知の設定さえできていれば十分です。

COLUMN 通知が受信できないときは？

次の section 以降で、通知を受信したにもかかわらず、スマートフォンの通知機能が表示されない場合があります。

スマートフォンへの通知

そのような場合は、スマートフォン側で通知機能が無効になっていないか、アプリ単位の通知を無効にしていないかどうかを確認してみてください。iPhone も Android スマートフォンも、設定画面にある検索バーに「Power Automate」と入力することで各種通知などの設定を変更できます。

スマートフォンの通知設定（iPhone の場合）

スマートフォンの通知設定（Android の場合）

もしこの設定を変更しても通知が表示されない場合は、アプリをいったんアンインストールし、インストールし直すことで問題が解決する場合もあります。

トリガー　アクション

トリガーとアクションを知る

フローを実際に作る前に、よく出てくる2つの用語を理解しておこう。

はい、よろしくお願いします。

トリガーとアクション

Power Automateは、「毎日の決まった時間になった」「OneDriveにファイルが保存された」などのさまざまな**条件（トリガー）**をきっかけとして実行される**処理（アクション）**をまとめて、**一連の処理（フロー）**を作成できるサービスです。

フローの例

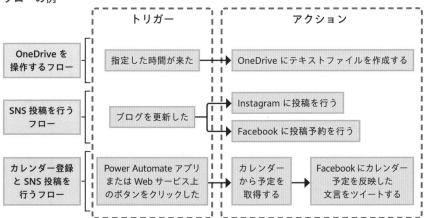

▲フローはトリガーとアクションの組み合わせによって作られる

Power AutomateではWebサービスごとに1つの**コネクタ**が用意されており、たとえばOneDriveに関するコネクタ、Slackに関するコネクタ、SNS投稿に関するコネクタというように、それぞれが別々のコネクタに分けられて管理されています。

Power Automateのさまざまなコネクタ

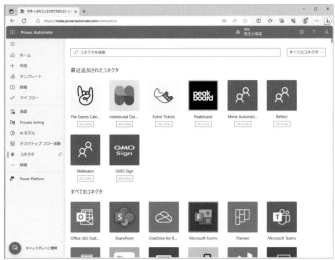

　個々の処理は**アクション**と呼ばれ、コネクタの中でまとめて提供されています。フローを作る際は、それら多くのコネクタの中から1つのトリガーを選び、複数のアクションを組み合わせることで、目的の処理を実現していきます。

実際のフロー

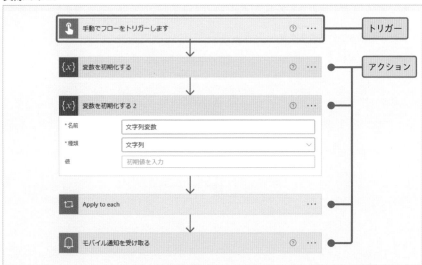

フローは画面上のメニューに従って作成するため、一般的なプログラミングのように、コーディングを行うことはありませんが、**処理を組み合わせて実行する**というプログラミング的な要素もあります。いわばプログラミング的な思考が必要になる、ローコード環境の1つといえるでしょう。

COLUMN トリガーのないコネクタとアクションのないコネクタ

コネクタが対応しているサービスによっては、トリガーがない（アクションのみ）、もしくはアクションがない（トリガーのみ）コネクタというものも存在します。

たとえばメールやスマートフォン向けの通知コネクタは、Power Automate アプリへの通知によってユーザーに情報を送信するため、アクションはありますがトリガーは存在しません。

通知コネクタにはトリガーがない

ちなみに、Power Automate では、Outlook や Gmail などのメールを待ち受けることは可能ですが、これは別のコネクタにて提供されています。

メールを待ち受けるコネクタ

section

05

インスタントクラウドフロー

フローを作ってみよう

さっそくフローの画面を見てみましたが、どうしたらいいのかさっぱりです。何か複雑ですね……。

Power Automateのフローはプログラミングの考え方の影響が大きいから、慣れていない人はとまどうかもしれないね。まずは、簡単なフローを作ってみよう。

インスタントクラウドフローを作成する

それではまず、手動実行をトリガーとするフローの作成方法を見てみましょう。このように、ユーザーがボタンを押すなどの操作によって実行されるフローを、**インスタントクラウドフロー**といいます。この先は何度もインスタントクラウドフローを作成するので、手順を覚えておいてください。

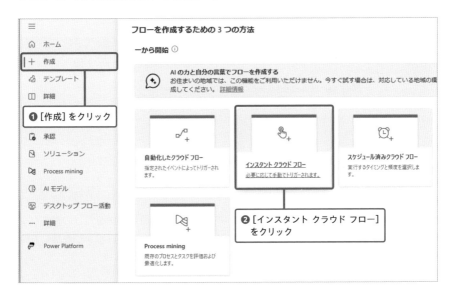

次に、クラウドフローの基本情報を入力します。今回は［手動でフローをトリガーします］をクリックして、フローを作成します。

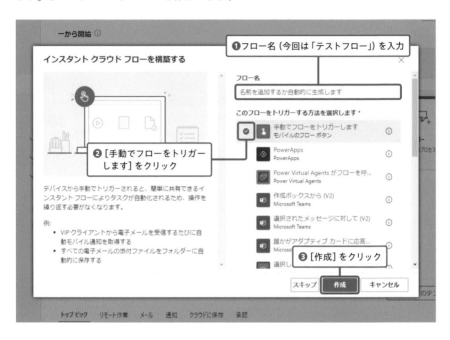

すると、手動実行をトリガーとするフローが作成されます。

スマートフォンに通知を送信するフローを作成しよう

それではこのフローに処理を追加し、スマートフォンに通知を送るだけの単純なフローを作成してみましょう。通知の内容は固定とし、フローの実行ボタンを押した時点でそれがスマートフォンに送信されるフローを作成します。

今回作成するフローの流れ

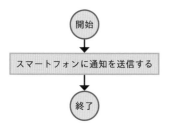

通知コネクタを追加します。[新しいステップ] をクリックします。

追加するアクションを選ぶ画面が表示されるので、標準コネクタの中の **Notifications コネクタ**に含まれる、**モバイル通知を受け取るアクション**を選択します。

45

そして、通知の内容を指定します。今回は「挨拶」としましょう。

以上で、モバイル通知の送信処理が完成しました。

テスト実行する

これでフローが完成しました。フローを保存後、画面右上の [テスト] をクリックして、テスト実行しましょう。その前にフローを保存しておきます。

保存が完了すると、フローがPower Automate内に保存されます。フローに名前が付いていない場合は、フロー内のアクションやトリガーの状態から自動的に名前が決定されます（名前が設定されていない状態のフローは、テストおよび実行することができません）。

それでは、テストを行います。画面右上の [テスト] をクリックします。

［テスト］をクリックすると、テストの方法を選択する画面が表示されます。

テストの方法には「手動」と「自動」の2つがあります。

● 手動：新しくフローを実行します。今回のようにトリガーが「手動での実行」だった場合、テスト実行するとすぐに次のアクションが実行されます。トリガーが外部サービスに関するものであった場合、外部サービスからのトリガー実行を待つことになります。

● 自動：直近に実行されたトリガーの情報を基に、フローが実行されます。トリガーが持つ実行時刻や外部サービスからの入力情報は、選択したトリガー実行時のものが使用されます。

　フローを作成したばかりの時点では手動しか選択できませんが、いったん手動でテストしたあとは、次のように「自動」が選べるようになります。

自動実行の例

テストの条件を選択し、画面下部の［テスト］をクリックすることで、フローが実行されます。

はじめてフローに使用するコネクタのアクションが存在する場合、次の画面が表示されます。［続行］をクリックして先に進んでください。

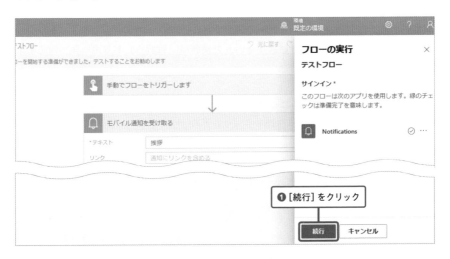

これでフロー実行の準備が整いました。テストしてみましょう。

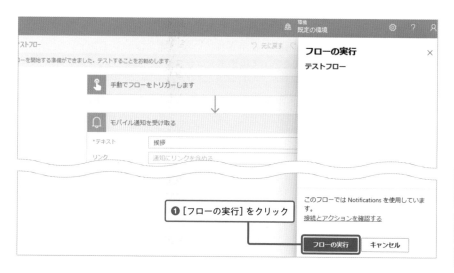

ほどなくして、スマートフォンに「挨拶」というタイトルの通知が表示されます。

以上がPower Automateを使った、フロー実行の基本的な流れです。

以降、作成したフローを実行する機会が何度も出てくるので、この基本的な流れは覚えておこう。

通知に日時を含めてみよう

それでは続いて、通知に表示される内容に動的なコンテンツを使用してみましょう。Power Automateでは、フロー内のアクションの結果やフローが実行開始されたときの情報を**動的なコンテンツ**としてテキストなどの出力に使用することができます。今回はトリガーを実行したときの時間を通知に表示してみましょう。

2
Power Automateの基礎を理解しよう

フローの編集画面が表示されていない場合は、マイフロー画面（P.30参照）で編集ボタンをクリックしよう。

　まずは先ほどの「モバイル通知の内容を入力する」アクションのテキストを選択します。すると、テキストボックスの右下に、［動的なコンテンツ］と書かれたリンクが表示されています。これをクリックすると、**追加可能な動的なコンテンツの一覧が表示されます。**

　今回はタイムスタンプを追加してみましょう。タイムスタンプは「トリガーが実行されたときの日時」です。

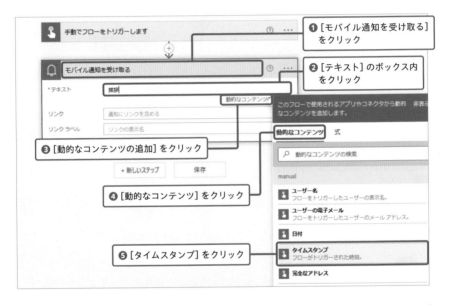

　すると、タイムスタンプという項目が追加されます。実際にフローを実行したときには、この部分がトリガーを実行したときの時間表示に置き換わります。

このフローを実行すると、通知テキストにタイムスタンプが追加されます。

スマートフォンにタイムスタンプ付きの
通知が届いた

まれに動的なコンテンツの一覧が表示されないことがあります。その場合は、一度画面のほかの部分をクリックするなどしてテキストボックスからフォーカスを外し、再度、該当のテキストボックスをクリックして選択してください。

式を追加する

続いて**数式**を追加してみましょう。**数式**または**式**とはPower Automateの重要な機能の1つで、**タイムスタンプなどのプログラムから取得できる情報を使って計算を行い、その結果をアクションなどの値に利用できる機能**です。

数式の例

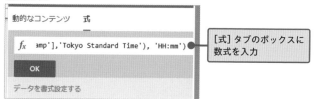

[式] タブのボックスに
数式を入力

今回はタイムスタンプから、「時」と「分」だけを表示するようにしてみます。

[テキスト] のボックスから先ほど追加したタイムスタンプを消し、動的なコンテンツの一覧パネルの右にある [式] をクリックしてタブを切り替えてみましょう。

なお、動的なコンテンツは [×] をクリックするか、キーボードの [Back space] キーを押すことで削除することができます。

❶ [×] をクリックして削除

次のページに続く

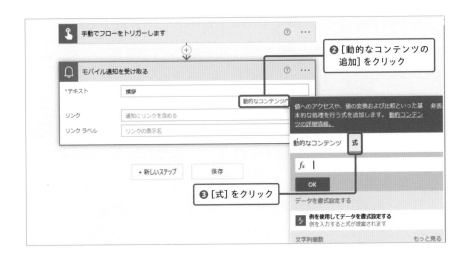

ここでは、タイムスタンプを日本標準時刻に変換した上で、その中から「時」と「分」だけを表示する式を入力しましょう。パネル上部の「fx」と書かれた部分に次の式を入力します。**アルファベットの大小を含め、1文字でも間違えると動かないので注意してください。**

```
formatDateTime(convertFromUtc(triggerOutputs()['headers']['x-ms-user-
timestamp'],'Tokyo Standard Time'), 'HH:mm')
```

この式の内容について簡単に解説します。まず、それぞれの関数の働きは、次の通りです。**関数**とは、よく使う処理をまとめたものであり、**Power Automateでは、書式設定や日時の計算など、さまざまな関数が用意されています。**

各関数の働き

関数の名前	働き
triggerOutputs	フロー実行時（トリガーの出力）の内容を取得する。関数のあとに角カッコ[]を書き、数式で利用したい情報を指定する。['headers']['x-ms-user-timestamp']は、フローを実行したときのタイムスタンプの値を取得する指定
convertFromUtc	タイムスタンプの値を、世界標準時（UTC）から日本標準時（JST）に変換する処理
formatDateTime	日時を指定した形式に変換する。'HH:mm'は、24時間制の時刻と2桁の分を取得するという意味

　関数は基本的にカッコの内側にあるものから順番に実行されていきます。 このため、表の通りの順番に関数が実行され、最終的にフロー実行時の時刻から「時」と「分」が出力されます。

　この状態で再度フローを実行すると、挨拶のあとに表示されるタイムスタンプが「時」と「分」だけになり読みやすくなりました。

　数式は、Power Automateの中でもプログラミング的要素が強く、プログラミング経験のない方にはとっつきづらい部分だと思います。
　しかし、身につけると非常に強力な要素の1つでもあります。ぜひ積極的に数式を使い、数式の使い方に慣れていきましょう。

関数とは

本フローでは、Power Automateで用意されている関数を使いました。関数は、P.52で使用したもの以外にも、文字列の置換を行うreplace関数（P.102参照）や、加算を行うadd関数（P.123参照）など、さまざまなものが用意されています。

本書では、使用する関数について随時解説をしていきますが、動的なコンテンツの一覧でも、関数の概要を確認することが可能です。

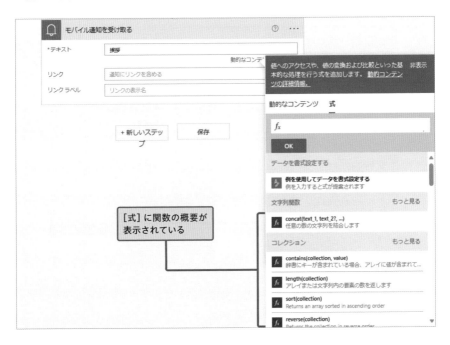

また、もっと詳しく知りたい場合は以下のページから確認できます。

● Power Automateのワークフロー式関数のリファレンスガイド
https://learn.microsoft.com/ja-jp/azure/logic-apps/workflow-definition-language-functions-reference

組み込み　変数

section 06 フロー作成の基本を知ろう① ～変数

Power Automateのフローには、フローの動きにバリエーションを持たせるためのさまざまな仕組みがあるんだ。まずはその1つとして、「変数（へんすう）」の使い方を見てみよう。変数は文章や数字、日付などの情報を一時的に記憶できる領域のことだよ。

情報を記憶できる領域？

メモ用紙に情報を保存するようなものだと思えばいいよ。変数に保管した情報をほかのアクションで使うことで、複数のアクションを連携した処理ができるんだ。

組み込み分類

Power Automateのフローには、アクション以外にもさまざまな要素があります。主にプログラミングで用いられる、変数や判断、繰り返しなどの要素は、**組み込み**という分類でまとめられています。

操作の組み込み分類

Power Automateにおける変数

　変数（へんすう）は、アクションの出力結果や計算中の情報を一時的に貯めておく仕組みです。**フローの実行時に、文章や整数、実数などの情報を、一時的に保管しフロー内で自由に呼び出して使うことができます。**これは、プログラミングにおける変数と同様の仕組みです。

変数のイメージ

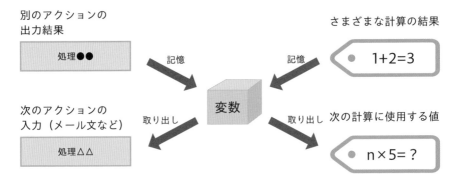

▲変数はさまざまな情報を一時的に貯める仕組み。変数に保存したデータは、フローのほかの場所から利用することができる

　変数には次のような情報を保存できます。

- 文章（文字列）
- 整数
- 小数点を含む数字
- 真偽（trueまたはfalse）
- 配列（複数の値を積み重ねて1つの変数として扱えるデータのこと。詳細はP.63で解説）
- オブジェクト

　変数を使う際は最初に、どのような形式のデータを保存する変数なのかを指定する必要があります。この「変数に保存できるデータ形式」のことを**データ型**といい、データ型の異なる値を設定することはできない仕組みとなっています。たとえば、データ型が「整数」の変数に、「あいうえお」といった文字列を保存することはできません（P.61の「データ型が合わない場合に表示されるエラー」で示すエラーが表示されます）。

2
Power Automateの基礎を理解しよう

フローのさまざまなところで使いたいデータを毎回直接
設定するのは面倒だし、メンテナンスもしづらくなる。
変数にしておくことで、同じ値を何度も使用しやすくな
る、値を後で変える場合のメンテナンスがしやすくなる、
というメリットがあるんだ。

そうなんですね。でも、実際どう使うのか、イメージ湧
きにくいです。

そうだよね。ここからは、実際の画面を見せつつ順番に
解説していくよ。

　このsectionではフローの具体例は紹介せずに、まずは変数の概要について解説し
ていきます。適宜実際の画面を使った解説を行うので、画面の表示を見つつどのよう
な操作になるのかを確認していきましょう。

変数を初期化する

　変数を使うにはまず、**変数を作成する必要があります。**変数を作成することを、
Power Automateでは**変数を初期化する**といいます。変数を初期化するには、**変数を
初期化するアクション**を使用し、その際、変数に付ける名前と、データ型を指定する
仕様になっています。
　ここで、P.43で解説した「インスタントクラウドフロー」を作成してください。

作成するフローの設定値

設定内容	設定値
フロー名	変数のテスト
このフローをトリガーする方法を選択します	手動でフローをトリガーします

　作成したフローで［新しいステップ］をクリックして、組み込み分類の変数コネクタ
にある、**変数を初期化するアクション**を選択してみましょう。

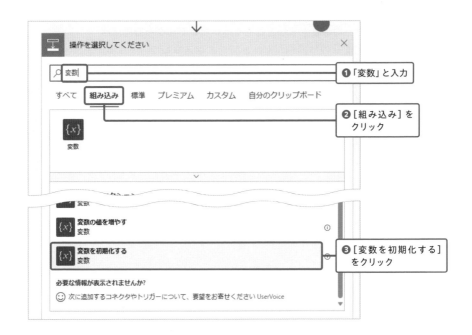

すると、変数を初期化するアクションの設定画面が表示されます。[名前] に変数の名称を、[種類] にはデータ型を、[値] にはその変数に設定する値を指定します。以下の画面は、「テスト」という名前で、データ型が「文字列」の変数を作成し、その変数に「こんにちは」という文字を設定している例です。

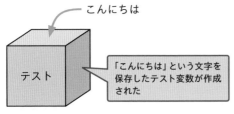

また変数のデータ型にはいくつか種類があり、**変数の用途や変数にどのようなデータを保存したいかによって使い分けます。**

データ型の使い分けの例

データ型名	意味
文字列	メールの文面やフロー実行時に指定した文などの文字（複数の文字の連なりを Power Automate では文字列と表現する）を指定する場合
整数	実行回数などの整数値
Float （小数点を含む数字）	割合など小数点を含む数字
配列（アレイ）	複数の値のリスト（P.63 参照）

 ブール値とは

変数の［種類］の初期値では、ブール値というものが選ばれているはずです。ブール値とは、true（真）またはfalse（偽）という値のみを格納することができるデータ型です。後述する条件分岐の際などに利用できます。しかしながらPower Automate においては、ブール値を使った分岐を行う場合も、文字列や数字で分岐を行う場合も条件の記述方法はとくに変わらないので、無理に使う必要はありません。
このため、本書ではブール値は使用せず、条件式では文字列や数値の比較を行っています。

 オブジェクト型とは

Power Automate で使用できるデータ型には、オブジェクト型というものも存在します。複数の関連する変数を1つの変数にまとめられるため、複雑なデータを扱いやすい半面、設定の方法が煩雑になるなど運用難易度が高いデータ型です。大規模なフローを作らないかぎりオブジェクト型を使わずともフローを作成することは可能なため、本書では取り上げません。

なお、変数を初期化するアクションは、繰り返し（P.72参照）などの**ブロックの中に含めることはできません。**フローの冒頭にまとめておくといいでしょう。

2

Power Automate の基礎を理解しよう

変数に値を設定する

変数を初期化するアクションのあとに、その変数に値を設定する（値を入れる）には、次のいずれかのアクションを使用します。

- 文字列変数に追加
- 変数の設定
- 変数の値を減らす
- 変数の値を増やす
- 配列変数に追加（P.63で解説）

このうち、配列変数に追加アクションは配列のみで、文字列変数に追加アクションは文字列変数のみ、変数の値を増やす／減らすアクションは整数やFloatのみで使用可能です。では、上記のアクションを順番に解説しましょう。

■ 文字列変数に追加

文字列データ型の変数に文字列を追加するアクションです。すでに変数に格納されている文字列は消去されずに、値が追加されます。

文字列変数に追加アクションの利用イメージ

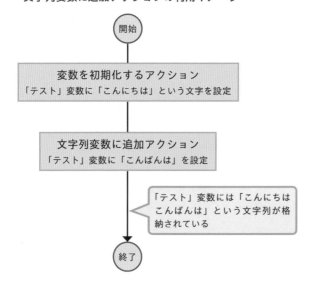

■ 変数の設定

変数に今格納されている値を消去して、新しく値を設定するアクションです。

変数の設定アクションの利用イメージ

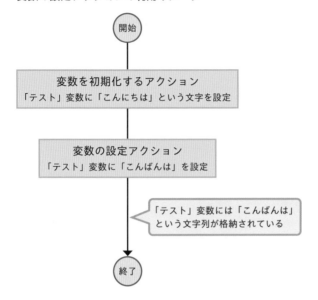

このアクションはどのデータ型の変数にも使用できますが、選択したデータ型に格納できない値を設定しようとすると、**フローチェッカー**（フローにエラーがないかをチェックする、Power Automateの機能）によりエラーが表示されます。

データ型が合わない場合に表示されるエラー

2
Power Automate の基礎を理解しよう

■ 変数の値を増やす／減らす

　整数およびFloatのデータ型を設定した変数には、変数の値を増やす／減らすアクションが使用可能です。こちらは文字列変数に追加アクションと同じように、すでに**変数に格納されている整数やFloatの値を基に計算された値が、変数に格納されます。**

変数の値を増やす／減らすアクションの利用イメージ

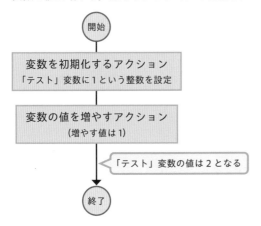

変数の値を使用する

　ここまで、変数を作成し（変数の初期化）、作成した変数に値を設定する方法を解説しました。最後は、フローのほかの場所で、変数の値を使用する方法についてです。
　変数に格納した値は、ほかのアクションでは、**動的なコンテンツ（P.50参照）から対象の変数を選ぶことで使用できます。**

動的なコンテンツの変数を入れた状態

変数の前後には文章を入力することも可能です。たとえば変数の内容をかぎカッコで囲みたい場合は、挿入されるブロックの前後に記号をキーボードで入力します。

変数の前後に文章を入力する

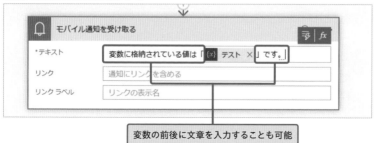

変数の前後に文章を入力することも可能

ここまで解説したように、変数を使うにはまず作成（変数の初期化）が必要。そのあとで変数に値を設定したいなら、変数に値を設定するアクションを使い、変数の値を使いたいなら、動的なコンテンツから利用するんだ。変数の使用方法はよく覚えておこう。

配列（アレイ）変数

変数を初期化するアクションや、変数に値を設定するアクションで、「配列変数」という用語を紹介しましたが、**配列変数**とは、複数の値を積み重ねて1つの変数として扱えるデータ型です。この値1つ1つを、**要素**といいます。

配列変数のイメージ

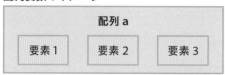

▲複数の値を1つの変数で扱えるのが配列変数

配列変数は主に、P.72で解説する繰り返しのブロック内で使用します。使用方法については繰り返しのsectionを参照してください。

コントロールコネクタ　条件分岐

フロー作成の基本を知ろう② ～条件分岐

それでは次は、条件分岐、というアクションについて見ていこう。これは変数の値やアクションの結果などの内容を見て、実行するアクションを切り替えたり、特定のアクションをスキップしたりといったことができるよ。

なるほど、どういう風に使うのですか？

使い方についても、順番に解説していこう。

条件分岐とは

条件分岐のアクションを使えば、条件（変数の値やアクションの結果など）によって、実行するアクションを分岐させたり、特定のアクションをスキップしたりさせることが可能です。

条件分岐を使ったフローの流れ

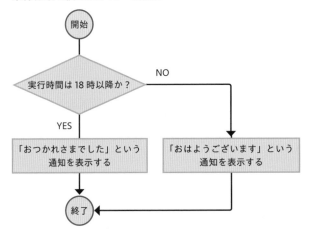

この図の動作を実際にPower Automateのフローにすると、次のようになります。

条件分岐アクションを使ったフローの実装例

上記のように条件を満たす場合と満たさない場合で、処理を分岐させることができるんだ。

　それぞれのアクションと働きについて見ていきましょう。次の設定値でインスタントクラウドフローを作成してください。

作成するフローの設定値

設定内容	設定値
フロー名	条件分岐のテスト
このフローをトリガーする方法を選択します	手動でフローをトリガーします

条件分岐アクションを使う

　条件分岐のアクションは、**コントロールコネクタ**に含まれます。[新しいステップ]をクリックして追加する操作の選択画面を表示し、組み込み分類のコントロールコネクタを選択、中から条件分岐アクションを選択します。

　上部の**条件ブロック**に指定した条件を満たしたときには、**はいの場合**のブロックが、条件を満たさなかったときには**いいえの場合**のブロックが実行されます。

条件を入力する

　上部の条件ブロックに条件を入力します。ここでの条件は、左側のテキストボックスに入力した内容と右側のテキストボックスの値を、中央のコンボボックスで選択した方法で比較し、その条件が正しいかどうかを確認します。比較方法として選択できるものは、次の通りです。

比較方法一覧

選択肢	効果	例
次の値を含む	文字列において、左側の値が右側の値を含む場合に「はい」ブロックが実行される	「こんにちは」や「こんばんは」は「ん」を含む
次の値を含まない	文字列において、左側の値が右側の値を含む場合に「いいえ」ブロックが実行される	「こんにちは」や「こんばんは」は「おは」を含まない
次の値に等しい	さまざまな変数において、左側の値と右側の値が全く同じ場合に「はい」ブロックが実行される	「こんにちは」と「こんにちは」は等しい
次の値に等しくない	さまざまな変数において、左側の値と右側の値が全く同じ場合に「いいえ」ブロックが実行される	「こんにちは」と「こんばんは」は等しくない
次の値以上	整数やFloatにおいて、左側の値が右側の値と同じかそれより大きい数値の場合に「はい」ブロックが実行される	12は10以上、12は12以上
次の値未満	整数やFloatにおいて、左側の値が右側の値より小さい数値の場合に「はい」ブロックが実行される	8は10未満
次の値以下	整数やFloatにおいて、左側の値が、右側の値より同じか小さい数値の場合に「はい」ブロックが実行される	8は10以下、10は10以下
次のもので始まる	文字列において、左側の値が、右側の値で始まる場合に「はい」ブロックが実行される	「こんにちは」や「こんばんは」は「こん」で始まる
次のもので始まらない	文字列において、左側の値が、右側の値で始まる場合に「いいえ」ブロックが実行される	「こんにちは」や「こんばんは」は「ばん」で始まらない
次のもので終わる	文字列において、左側の値が、右側の値で終わる場合に「はい」ブロックが実行される	「こんにちは」は「ちは」で終わる
次のもので終わらない	文字列において、左側の値が、右側の値で終わる場合に「いいえ」ブロックが実行される	「こんにちは」は「こん」で終わらない

（右側縦書き）2　Power Automateの基礎を理解しよう

　今回は、フロー実行時の時刻が**24時間制表記で18時以降であること**、すなわち時刻内の「時」の数値が18以上であることを条件とすることにします。

　そのためには、**タイムスタンプから「時」の部分のみを切り出して**、比較する必要があります。まずはタイムスタンプから「時」の部分のみを切り出す処理を記述しましょう。このような処理をするときには、式を使用します。

タイムスタンプから24時間制の時刻のみを取り出す式

```
int(formatDateTime(convertFromUtc(triggerOutputs()['headers']['x-ms-user-
timestamp'],'Tokyo Standard Time'), 'HH'))
```

　式内の関数は、基本的にP.52で使用したものとほぼ同様です。triggerOutputs
関数により、フロー実行のボタンを押したときのタイムスタンプの値を取得し
ます。ここで取得できるタイムスタンプは、世界標準時（UTC）の時刻であるた
め、convertFromUtc関数を使って、日本標準時（JST）に変換します。そして、
formatDateTime関数で、24時間制の時刻のみを取り出しています。

　formatDateTime関数の結果は文字列なので、数値として比較できるよう**int関数**
で数値に変換します。

タイムスタンプから24時間制の時刻のみを取り出す処理の流れ

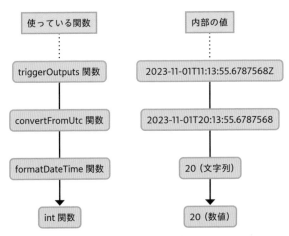

▲triggerOutputs関数でタイムスタンプを取得し、convertFromUtc関数で日本標準時に変換、formatDateTime
関数で24時間制の時刻を取り出している

　上記によって出力された値を、条件式で比較します。
　今回は時刻の値が**18以上であるかどうか**を確認するので、比較方法は「次の値以
上」、比較する値は18となります。

条件に合致したときの処理

　まずは条件に合致したときの処理を指定します。**時刻が18時以降だったときは、「お つかれさまでした」という通知を送りたい**ので、条件分岐の「はいの場合」ブロックの アクションの追加ボタンをクリックします。

　標準分類のNotificationsコネクタより、モバイル通知を受け取るアクションを選択 します。今回通知のテキストは「おつかれさまでした」とします。

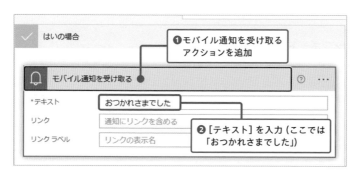

条件に合致しなかったときの処理

条件に合致しなかったときの処理も、大まかには同一の内容です。通知に表示する内容が「おつかれさまでした」から「おはようございます」になるだけです。

標準分類のNotificationsコネクタより、モバイル通知を受け取るアクションを選択し、テキストは「おはようございます」とします。

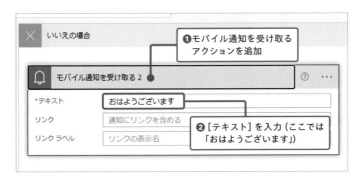

これでフローが完成しました。フローを保存後、画面右上にある [テスト] をクリックして、テスト実行しましょう。するとほどなくして、フローが実行されて、スマートフォンに通知が届きます。

18時より前であれば、「おはようございます」という通知が届く

時間によって「おはようございます」と「おつかれさまでした」が切り替わるんですね〜。面白いですね。

 クリップボードを使う

フローを作成していて、以前作成したフローで利用したアクションと同じ設定のアクションを使いたい、というケースはよくあります。そんなときは「クリップボード」を活用しましょう。Power Automateにはパソコン内のクリップボードとは別に、クリップボードという領域が用意されており、そこに一時的にアクションの内容をコピーしておくことが可能です。クリップボードにコピーされたアクションは、Power Automate内の専用領域に格納され、貼り付けて使用することが可能です。

Power Automateのクリップボードへのコピーは、アクションの詳細メニューより行います。

クリップボードにコピー

クリップボードにコピーしたアクションは、アクションを追加するときに、追加するアクションの分類選択から［自分のクリップボード］を選択することで貼り付けできます。

自分のクリップボードから貼り付ける

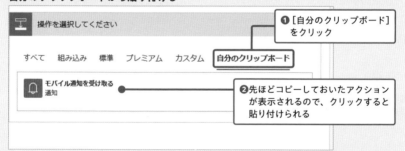

パソコンのクリップボードは基本的に1つのデータしか保持できませんが、Power Automateのクリップボードは2つ以上のアクションを保持することができます。ただし、ページの再読み込みなどのタイミングで消去されるので、あくまで一時的なものだと考えてください。
なお、本機能にはプレビューという表記がありますが、これはこれからPower Automateが実装しようとしている機能を試験的に配信している機能を表します。そのため、今後動作が変わったり、機能自体が削除されたりする可能性があることに注意してください。

Apply to eachアクション　配列変数

フロー作成の基本を 知ろう③ ～繰り返し

> それでは次は、繰り返し処理の流れを見てみよう。繰り返しを使うと、変数の値やアクションの結果などの内容を見て、その中の要素分処理を繰り返したり、特定の条件が満たされるまで処理をし続けたりするといったアクションを実現できるんだ。

> それは、便利そうですね！　ぜひ教えてください！

繰り返しとは

　繰り返しのブロックを使うことで、**1つ以上のアクションを複数回繰り返し実行できます。**たとえば、同じ内容のメールを複数人に送信したり、インターネットから受信した複数の情報に同一の処理を行ったりといったことを実現可能です。

繰り返し処理のイメージ

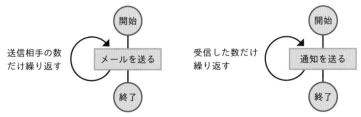

▲送信相手の数だけ何通もメールを送る、情報を受信するたびに通知を送る、などが繰り返し処理

> ある条件を満たしている場合に、処理を繰り返すことができるんだ。

　Power Automateが提供している繰り返し処理には次の2種類があります。

- Apply to each：配列変数や、トリガーやアクションの結果のすべての要素を使用して、ブロックを実行します。
- Do until：指定した条件が正しいと判断されるまでの間、ブロックを実行します。

　プログラミング言語の利用経験がある方は、Javaにおけるfor文、Excel VBAにおけるFor Each文に相当する処理と考えるといいでしょう。

　ただし、大抵の処理はApply to eachで事足りること、Do untilは使い方を誤ると無限ループにおちいる危険があることから、**本書ではApply to eachアクションのみ**を扱い、Do untilアクションについては解説しません。

　なお、Apply to eachアクションはPower Automateサービスの状態によっては**「それぞれに適用する」という表記**になっている場合がありますが、機能としては変わりありません。

繰り返しと合わせてよく使う「配列変数」

　繰り返し処理はよく**配列変数**と組み合わせて使われます。P.63で軽く説明したように、配列変数とは、複数の値を1つの変数として扱えるデータ型です。配列変数に複数のデータを入れておくと、その要素の数だけApply to eachアクションで繰り返し処理することができます。

　配列変数は、**変数を初期化するアクション**で［種類］を［アレイ］にすると作成できます。配列を初期化する場合、値は角カッコ［］でくくり、各要素はコロン（,）で区切って表記します。

配列変数のイメージ

配列変数の初期化

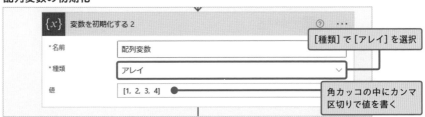

（右側余白）
2
Power Automateの基礎を理解しよう

配列を使った繰り返しのフローの例

　それではさっそく、配列を使って繰り返しのフローを作ってみましょう。今回は、配列変数に追加した内容をすべて結合し、その文章をモバイル通知として送信するフローを作成します。

今回作成するフロー

フローチャートにすると、次のようになります。

今回の処理フロー

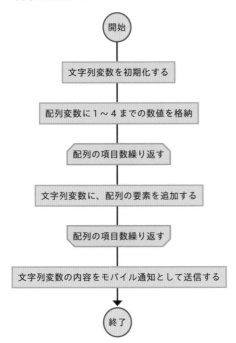

上記のフローチャートで「配列の項目数繰り返す」ところが、繰り返し処理に該当するよ。この部分を、Apply to each アクションで実現していくよ。

　それぞれのアクションと働きについて見ていきましょう。次の設定値でインスタントクラウドフローを作成してください。

作成するフローの設定値

設定内容	設定値
フロー名	Apply to each テスト
このフローをトリガーする方法を選択します	手動でフローをトリガーします

変数を初期化する

P.57で説明したように、変数を使うにはまず、変数の初期化が必要です。**Power Automateのフローで用いる変数は条件ブロックなど、なんらかのブロック内で宣言することはできない**ので、最初に変数をまとめて初期化しましょう。

ここで使用する変数は次の2つです。

- 出力内容を記憶する文字列変数
- 入力内容を定義する配列変数

まずは出力内容を記憶する文字列変数から作成していきましょう。

■ 文字列変数を初期化する

文字列変数は出力する内容を一時的に記憶するためのものなので初期値は何も内容を入れる必要がありません。

［新しいステップ］より、組み込み分類の変数コネクタにある、**変数を初期化するアクション**を選択します。そして、各ボックスに次のような値を指定します。

文字列変数の設定値

入力箇所	設定値	値の設定方法
名前	文字列変数	直接入力
種類	文字列	リストから選択
値		未入力

■ 配列変数を初期化する

次に入力内容を定義する配列変数を初期化します。こちらには配列の値を入力することになるので、値欄では各要素に入力する値を指定します。

［新しいステップ］より、組み込み分類の変数コネクタにある、**変数を初期化するアクション**を選択し、入力欄に次のような値を入力します。

配列変数の設定値

入力箇所	設定値	値の設定方法
名前	配列変数	直接入力
種類	アレイ	リストから選択
値	[1, 2, 3, 4]	直接入力

　配列はカンマ区切りで値を指定していきます。このためこの初期化により生成される配列は、1つ目の要素に1、2つ目の要素に2といった値が入っている配列になります。

配列の値のイメージ

　2つの変数の初期化アクションを追加すると、フローは次のようになります。

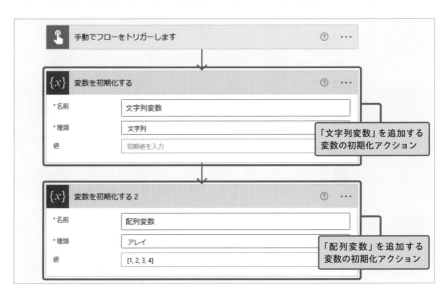

Apply to eachアクションを使う

Apply to eachアクションは、条件分岐と同じく**コントロールコネクタ**に含まれています。組み込み分類のコントロールコネクタの中からApply to eachアクションを選択します。

すると、Apply to each（それぞれに適用する）アクションが追加されます。

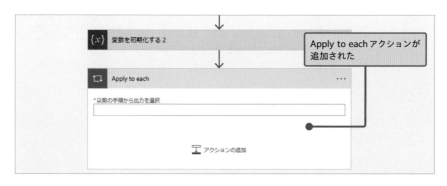

ブロック内にある［以前の手順から出力を選択］に配列変数などの複数の要素から構成される値を指定すると、このApply to eachブロック内のアクションを複数回実行できます。配列変数は、動的なコンテンツ（P.50参照）の一覧から追加できます。

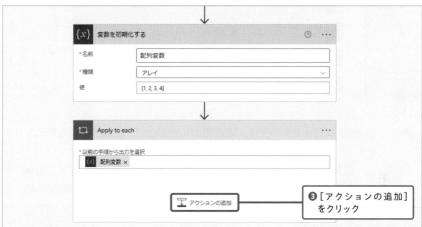

　このようにすることで、Apply to each ブロックの中のアクションは配列変数に含まれる要素の数だけ繰り返し実行されることになります。

　Apply to each ブロックの中で、文字列変数に値を追加していきます。変数コネクタの**文字列変数に追加アクション**を使用します。

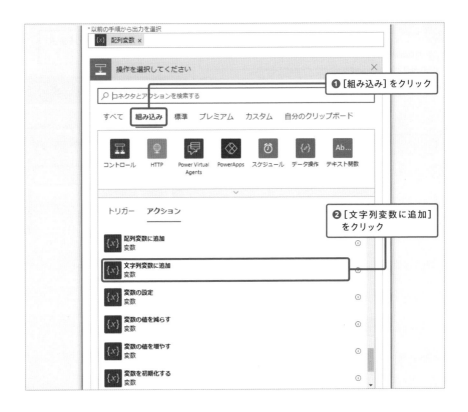

Apply to eachブロックの中では、**現在のアイテム**という変数が使用可能になります。これを使うことで、配列変数の各要素を参照することができます。

［名前］に「文字列変数」を指定し、［値］に現在のアイテムを指定します。前後に別に文章を付け足すことも可能なので、今回は**現在のアイテム**の前に「要素の値は」、あとに「です。」と追加します。

文字列変数の設定値

入力箇所	設定値	値の設定方法
名前	文字列変数	直接入力
値	「要素の値は」という文字列と、［現在のアイテム］、「です。」という文字列	直接入力

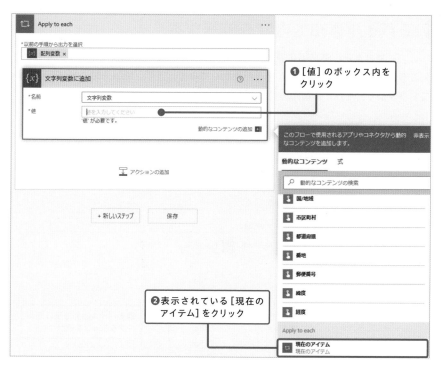

❶[値]のボックス内を
クリック

❷表示されている[現在の
アイテム]をクリック

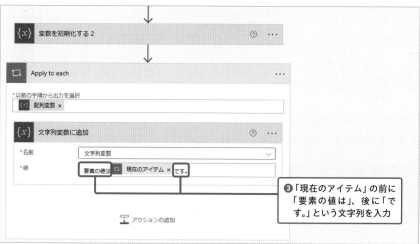

❸「現在のアイテム」の前に
「要素の値は」、後に「で
す。」という文字列を入力

モバイル通知で内容を確認する

　ここまでできたら**モバイル通知を受け取るアクション**を使用して、文字列変数に配列変数の各要素が追加できたかどうか確認してみましょう。標準分類のNotificationsコネクタより、モバイル通知を受け取るアクションを選択します。

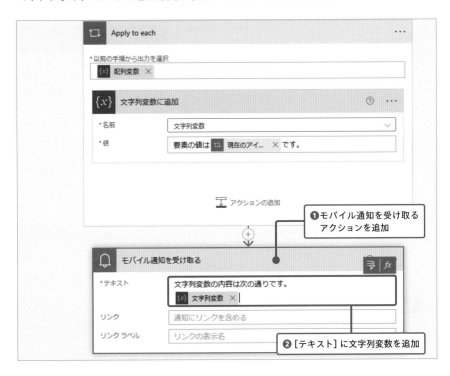

　これでフローが完成しました。画面右上の［テスト］をクリックして、テスト実行します。するとほどなくして、スマートフォンにモバイル通知が届きます。

　通知に「文字列変数の内容は次の通りです。要素の値は1です。要素の値は2です。要素の値は3です。要素の値は4です。」と表示されたら、成功です。

このように、Apply to eachブロックを使うと繰り返し処理ができるんだよ。

配列変数の値を取得して文字列変数に設定する、という処理を繰り返しているってことですか？

そうそう。Apply to eachブロックの中で配列変数を使い、さらに「現在のアイテム」という変数を使うと、配列変数の各要素を参照することができるんだ。繰り返し処理において、重要なポイントだよ。

「現在のアイテム」という機能を使うと、そこに配列変数の要素が順番に設定されるってことですね？

うん。このようにApply to eachブロックを使うことで繰り返し処理ができるから、「配列変数の要素を参照する」処理を何度も書かずに済むんだ。短いフローだとメリットが実感しにくいかもしれないけど、フローが長くなったり配列変数の要素数が多くなったりした場合に、何度も同じブロックを作らなくて済むんだ。

繰り返し処理、よく使いそうですね。しっかり覚えておきます！

section
09

コネクタの注意点　　バージョン

コネクタのさまざまな運用ルールを覚えよう

これからさまざまなPower Automateの使い方について解説していくけど、その前にPower Automateのコネクタにおける、いくつかの約束ごとを説明しておこう。

約束ごと？

バージョン付きのコネクタやトリガー、非推奨とマークされたコネクタがあるんだ。その意味を知っておこう。

バージョンが付いた項目について

Power Automateには、いくつか複数のバージョンが存在するコネクタやトリガーおよび、アクションがあります。バージョンはV1やV2などといった表記で表されていて、基本的に数字の大きいもののほうが、最近作られたものとなります。

バージョン番号が異なるコネクタやアクション

　基本的にこれら項目の主な変更は内部的な処理の変更になりますが、パラメータや使い方が異なる場合もあります。

　本書では、基本的に執筆時の最新版のコネクタ、アクション、トリガーを使用します。ただし、最新バージョンで大きく使い方が変わる場合は、その旨を記載した上、古いバージョンのコネクタ、アクション、トリガーを使用する場合もあります。読者の皆さんが使用する際は、基本的には**本書に記載の通りのバージョンの項目**を使用することをおすすめします。

　ただし、本書で紹介しているバージョンの項目がなくなっている場合もありますので、その場合は適宜新しいバージョンの項目を使用するようにしてください。

非推奨とマークされた項目について

　バージョンが古い項目には時折、非推奨のマークが設定される場合があります。この項目は基本的に Power Automate が利用を推奨していないコネクタやアクション、トリガーに設定されるもので、Power Automate の今後のバージョンアップで、それぞれの項目が削除されてしまう可能性があることを示します。このマークが付けられた項目は、今後予期しない不具合が発生したり、フローが急に動作しなくなったりといったトラブルが予想されるため、使わないようにしましょう。

非推奨とマークされた項目

　なお、たまに項目の翻訳がなされておらず、英語で legacy または Deprecated と表記されている場合もあります。

英語表記

バージョンと非推奨の表示は、Power Automate の初心者にとって、わかりにくい部分なんだ。だから、この2つの内容は理解しておくといいよ。

確かに、V1 とか V2 って書かれてあっても、初心者には何のことかがわかりにくいかもしれませんね……。

わかりました、覚えておくようにします！

COLUMN ## コネクタおよびアクションの表記について

コネクタおよびアクションの表記は、Microsoftにて常に修正が行われています。本書で紹介している時点では英語の表記であったものが、時間が経つと日本語表記に変わっていることも少なくありません。また、日本語表記のものが、なんらかの不具合により一時的に英語表記になってしまう場合もあります。
それぞれのコネクタのアイコンを覚えておくと同時に、英語表記でも日本語表記でもある程度アクションを理解できるようにしておくとよいでしょう。

コネクタ名の英語表記と日本語表記

chapter 3

ファイルを操作しよう

ファイル操作

Power Automateで
ファイルを操作するには

日常的に使用するファイルの操作をPower Automateで
やってみようと思うのですが、そういうことは実現でき
るんでしょうか？

なるほどファイルの作成と編集だね。Power Automate
ではOneDriveのファイルの読み書きができるんだ。いく
つかのコネクタを組み合わせて使えば十分可能だよ。

なるほど、パソコンの中のファイルは直接操作できない
けど、OneDriveにアップロードしたファイルなら操作で
きるんですね。

Excelファイルも操作できますか？

もちろん！　では、今回はファイル関連のコネクタの使
い方について確認していこう。

よろしくお願いします〜！

 chapter 3で学ぶこと

・OneDriveファイルの読み書き

・テキストファイルの読み書き

・Excelファイルの読み書き

section
02

OneDriveコネクタ アカウント接続

OneDriveファイルを読み書きする

まずはOneDrive関連のコネクタでできることや、コネクタの種類について確認していこう。

コネクタの種類……ってことは、1つのコネクタじゃないんですね。

OneDriveへの操作を行うコネクタ

OneDriveはMicrosoftが提供するストレージサービスです。Windows 10/11に内蔵されているので、使ったことがある人も多いでしょう。Power Automateには、OneDrive（および、OneDrive for Business）のファイルを操作できるコネクタが複数あります。

- OneDrive コネクタ
- OneDrive for Business コネクタ
- Excel Online（OneDrive）コネクタ
- Excel Online（Business）コネクタ

このうち**OneDrive コネクタは、OneDriveの操作を広く行えるコネクタ**です。ファイルが作成されたり、変更されたりしたときにフローを実行するトリガーや、直接ファイルを作成・編集するアクションなどが含まれています。

一方**Excel Onlineコネクタは、OneDriveにあるファイルのうちExcelファイルの処理のみに特化したコネクタ**です。ワークシートの取得や編集、行の更新や削除ができますが、Excelファイル以外の操作はできません。

なお、Businessという名の付いたコネクタには、それぞれOneDrive for Businessを対象とした処理を行えるトリガーやアクションが格納されています。

これらの内容をまとめると、次のようになります。

処理対象とコネクタの対応関係

ファイルの種類	OneDrive（個人用）	OneDrive（会社組織用）
Excel ファイル以外	OneDrive コネクタ	OneDrive for Business コネクタ
Excel ファイル	Excel Online (OneDrive) コネクタ	Excel Online (Business) コネクタ

 COLUMN　ほかのオンラインストレージのファイルを操作することも可能

Power Automate では、Dropbox など OneDrive 以外のオンラインストレージに保存した
ファイルを操作することもできます。Power Automate で操作できるオンラインストレー
ジは次の通りです（2023 年 11 月時点）。

・Box
・Dropbox
・Google Drive
・OneDrive

基本的な使用方法は本 chapter で解説する OneDrive でのファイル操作と同様ですが、
OneDrive における Excel Online のような Excel ファイル操作用のコネクタが存在しない
ため、Excel ファイル独特のアクションを行うことはできません。
なお、そのほかに File System というコネクタもあります。これはネットワーク接続が可
能で、Power Automate のサービスからファイルが操作できるファイルサーバーに限っ
たものとなります。

コネクタによって操作できるストレージサービスが違う
んですね。

そうそう。だから、処理するファイルがどこに格納され
ているのか、どこにファイルを作成したいのかを考えて、
使うコネクタを決める必要があるよ。

アカウントとの接続

　これらコネクタを使用する場合は、まず**コネクタが扱うサービスとPower Automateを接続する必要があります。**たとえば、P.89で紹介したOneDriveコネクタを使用する場合は、Power Automate上でOneDriveにサインインすることで、OneDriveとPower Automateを接続します。

対象のサービスとPower Automateを接続する

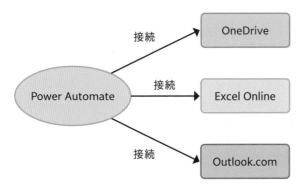

▲Power Automate上から各サービスへサインインすることで、対象のサービスとPower Automateを接続できる

OneDriveはMicrosoftのサービスなのに、設定が必要なんですね？

同じ会社の製品とはいえ、勝手につながっては困ることもあるよね。だから、最初だけ接続設定が必要なんだ。はじめてOneDrive関連のコネクタを使うときに自動的にアカウントとの接続を行うよう指示が表示されるんだけど、ここでは先に接続しておこう。

OneDriveとPower Automateの接続

　では実際に、OneDriveとPower Automateを接続しましょう。OneDriveのアカウント（個人向けMicrosoftアカウント）を持っていない場合は、以下のWebサイトより作成しておいてください。

● OneDrive
https://onedrive.live.com/about/ja-jp/

■ 接続一覧の確認

　Power Automateの接続画面を表示して、Power Automateと接続しているアカウントの一覧を確認します。Power AutomateではWebサービスへの接続を伴わないものも一部「接続」として管理されているものがあり、それらはすべて、このページに一覧表示されます。サイドバーに［接続］が表示されていない場合は、［詳細］をクリックすると、［接続］項目があるはずなので、それをクリックしてください。

　新規に接続を作成する場合には、画面上部にある［新しい接続］をクリックします。

すると、Power Automateが現在サポートしている接続の一覧が表示されます。ここにはプレミアムコネクタ（P.17参照）に用いられる接続を含め、非常にたくさんの接続が表示されます。そのため基本的には、画面上部にある検索欄より、接続したいサービスを検索するといいでしょう。

次のページに続く

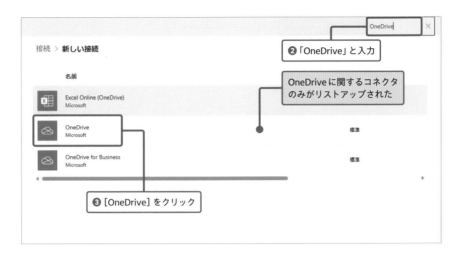

❷「OneDrive」と入力

OneDriveに関するコネクタのみがリストアップされた

❸［OneDrive］をクリック

本chapterでは、OneDriveコネクタとExcel Online (OneDrive) コネクタを使用しますが、同時には接続できないのでOneDriveから順に接続します。

■ OneDriveの接続を作成する

まずはOneDriveの接続を作成します。ここまでの手順を実施すると、接続の確認メッセージが表示されているはずです。

新しい接続の画面で［OneDrive］をクリックするとこの画面が表示される

❶［作成］をクリック

すると、サインインするアカウントを選択する画面が表示されます。アカウントを選択してサインインを行います。

Microsoft アカウントにサインインしていない場合、次のようにサインインを促す画面が表示されます。ユーザー名とパスワードを入力して次の画面に進んでください。

次のページに続く

❸ パスワードを入力

❹ [サインイン] をクリック

　最後にアプリケーションの接続について、Power Automate が OneDrive に求める項目についての確認画面が表示されます。

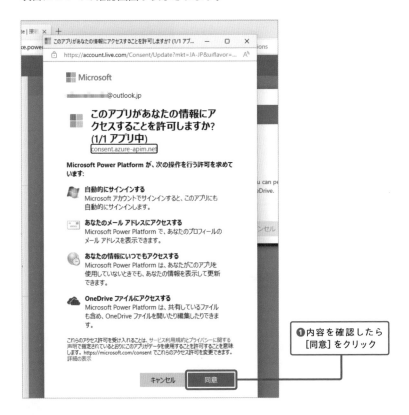

❶ 内容を確認したら [同意] をクリック

すると、OneDriveが「規定の接続」一覧に追加されます。

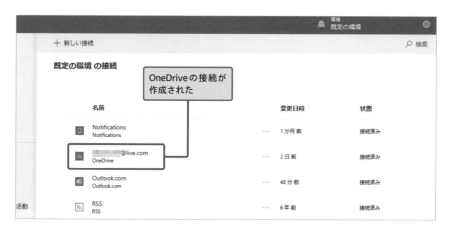

Excel Online（OneDrive）の接続を作成する

次に、Excel Online（OneDrive）の接続も作成しておきましょう。こちらも基本的に操作方法は同様です。OneDriveが含まれる接続の一覧を表示し、一覧からExcel Online（OneDrive）をクリックします。

先ほどのOneDrive接続と同じアカウントであっても選択画面が表示されます。同じように選択してください。

❶サインインする

ユーザー名とパスワードを入力したら、OneDriveのときと同様に、接続するアプリの情報確認画面が表示されます。なお本画面は、過去に接続したことのあるアカウントでは表示されません。

❶内容を確認したら
[はい]をクリック

Excel Online (OneDrive) が、「既定の接続」一覧に追加されます。

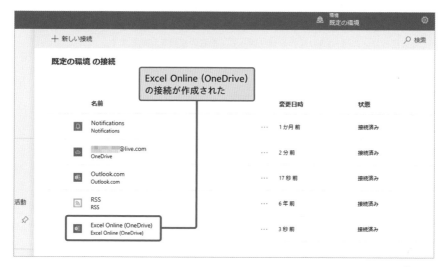

これで、OneDriveとExcel Onlineのコネクタで、接続ができたってことですか？

そうだよ。次のsectionからは、この接続を使って実際にフローを作っていくよ。

了解しました。楽しみです。

3 ファイルを操作しよう

COLUMN 同じサービスでも複数の接続を作成できる

同じサービスの複数のアカウントを持っていて、それらを用途ごとに使い分ける必要がある場合は、P.94～96の操作を繰り返して、複数の接続を作成します。

接続するアカウントを複数項目から選択する

接続を作成すると、アクションを作成するときに、[マイコネクション]から利用するアカウントを選択できるようになります。

使用するアカウントを選択する

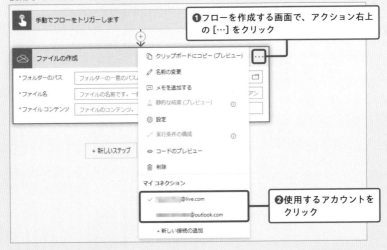

section 03 テキストファイルを 読み書きする

テキストファイル　日付の書式

それではまず、テキストファイルを読み書きする方法を説明しよう。このアクションで操作できるのは、書式情報などが一切ない単純なテキストファイルのみだよ。

どういうときに使うんでしょうか？

たとえば決まった書式の日報を作成するというのはどうかな？

本sectionで作成するフロー

　本 section では、OneDrive 上のテキストファイルを読み書きするフローを作成します。テキストファイルを読み込み、その内容に含まれる特定の文を置換し、当日日付のファイル名で保存するフローです。

フローの概要

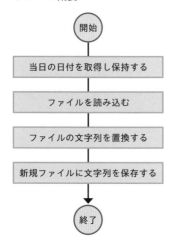

本フローでは、以下のテキストファイルを読み込みます。

元のテキストファイル

本フローを実行すると、上記のテキストファイルを基にした、以下のようなファイルが作成されます。

フロー実行後のテキストファイル

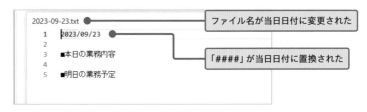

なお、テキストファイル内の文字列の置換には、**replace関数**を使用します。replace関数は、変数に記憶した文字列や、すでに実行したアクションの結果文字列に含まれる特定キーワードを、指定した別の文字列に置換できる関数です。詳細は後述します。

テキストファイルの準備

フローを作成する前に、まずはテキストファイルを作成しておきましょう。今回はWeb上のOneDriveにテキストファイルをアップロードします。サンプルファイルの中から「c3-テキストファイルの読み書き.txt」をOneDriveにアップロードします。

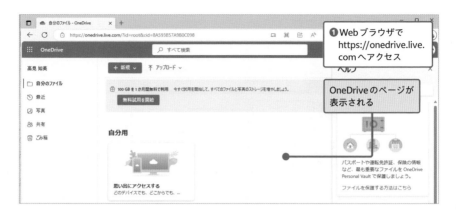

❶Web ブラウザで
https://onedrive.live.
comへアクセス

OneDrive のページが
表示される

3
ファイルを操作しよう

COLUMN　**OneDrive有料アカウント登録のお誘いが表示される場合**

OneDriveの契約状態によっては、ページを表示した直後に有料アカウント登録に関する
宣伝が表示される場合があります。今回は契約を行わないので、以下の手順で画面は閉
じてください。

有料アカウント登録のお誘い

❶[×] をクリック

■ ファイルのアップロード

画面上部の［アップロード］から、テキストファイルをアップロードします。

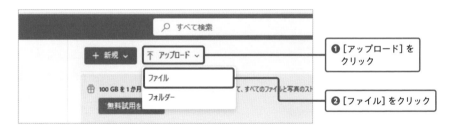

❶ ［アップロード］を
クリック

❷ ［ファイル］をクリック

❸ サンプルファイル
を選択

❹ ［開く］をクリック

ファイルがアップロード
された

■ ファイル名を指定する

続いてファイルの名称を変更しましょう。

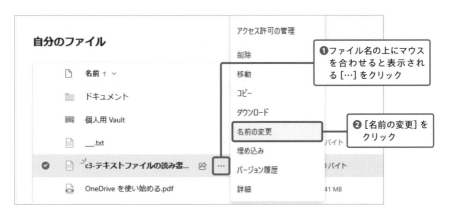

❶ファイル名の上にマウスを合わせると表示される [⋯] をクリック

❷ [名前の変更] を
クリック

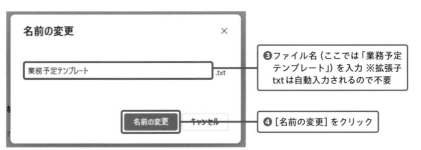

❸ファイル名 (ここでは「業務予定テンプレート」) を入力 ※拡張子txtは自動入力されるので不要

❹ [名前の変更] をクリック

ファイル名が「業務予定テンプレート.txt」という名前に変更された

次ページからは、このテキストファイルを基にした、フローを作成していくよ。

105

テキストファイルの読み書きフローを作成する

それではさっそくフローを作っていきましょう。次の設定でインスタントクラウドフローを作成してください。

作成するフローの設定値

設定内容	設定値
フロー名	テキストファイルの読み書き
このフローをトリガーする方法を選択します	手動でフローをトリガーします

日付の書式を設定する

まずは、当日日付を格納する変数を作成します。[新しいステップ]をクリックし、変数を初期化するアクションを選択して、次の値を指定します。

日付変数の設定値

入力箇所	設定値	値の設定方法
名前	日付変数	直接入力
種類	文字列	リストから選択
値	formatDateTime(convertFromUtc(utcNow(),'Tokyo Standard Time'), 'yyyy-MM-dd')	数式として入力

日付変数の値には、現在時刻を年月日のハイフン区切り文字列（2023-01-23や、2023-12-30のような形式）に変換したものを設定します。

OneDriveのファイルを読み込む

　次にOneDriveからファイルを読み込みます。Power AutomateからOneDrive上のファイルを読み込むには、OneDriveコネクタの**パスによるファイルコンテンツの取得アクション**を使用します。

　[新しいステップ] をクリックして、標準分類のOneDriveコネクタを選択し、[パスによるファイルコンテンツの取得] をクリックします。

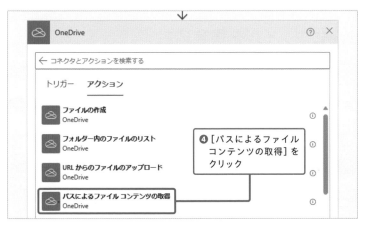

OneDrive for Businessのコネクタやアクションも近くに表示されるけど、こちらを選ぶと目的の動作が行えないよ。間違えて選択しないよう注意しよう。

次にこのアクションに値を設定します。ここでは読み込みたいファイルのパスを設定するのみです。

パスによるファイルコンテンツの取得アクションの設定値

入力箇所	設定値	値の設定方法
ファイルパス	/業務予定テンプレート.txt	ピッカーの表示よりフォルダの参照が可能

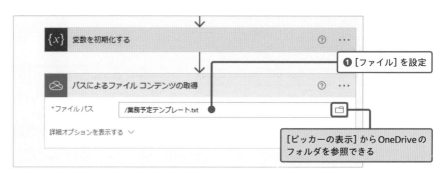

これで、フローで「業務予定テンプレート.txt」を読み込んで使用できるようになります。

OneDriveにファイルを書き込む

次は「業務予定テンプレート.txt」の「####」を日付に置換し、その結果を書き込んだ新たなテキストファイルを作成します。

[新しいステップ] をクリックしてOneDriveコネクタを選択し、**ファイルの作成アクション**を配置します。

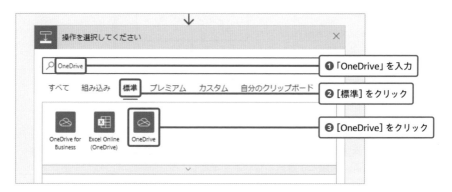

それではこのアクションに次の値を設定していきます。

ファイルの作成アクションの設定値

入力箇所	設定値	値の設定方法
フォルダーの パス	/ ※OneDriveの最上位フォルダに作成することを表す	直接入力
ファイル名	[日付変数].txt	[日付変数]は動的な コンテンツより挿入
ファイル コンテンツ	replace(outputs('パスによるファイル_コンテンツの取得')? ['body'], '####', variables('日付変数'))	数式として入力

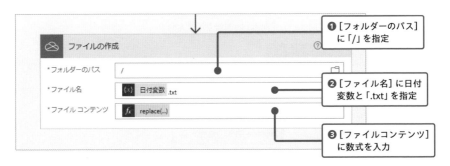

ファイル名には、動的なコンテンツの一覧（P.50参照）から日付変数の値を使用します。これにより、ファイル名は当日日付をハイフン区切りにした値になります。
　そして、ファイルコンテンツに使用した関数は、先に読み込んだテキストファイルの「####」という文言を日付変数の値に置換する関数です。

■ ファイルコンテンツに設定した関数の詳細

　ここで、ファイルコンテンツに設定した以下の関数について解説しましょう。

```
replace(outputs('パスによるファイル_コンテンツの取得')?['body'], '####',
variables('日付変数'))
```

　outputs('パスによるファイル_コンテンツの取得')?['body']とは、**パスによるファイルコンテンツの取得アクションで取得している値のうち、本文（body）を使用するという意味**です。これは、動的なコンテンツ一覧から、「パスによるファイルコンテンツの取得」を指定した場合と同様です。
　また、**replace関数**は、1つ目の引数（ここではoutputs関数）に指定した文字中の、2つ目の引数に指定した文字（ここでは'####'）を、3つ目の引数に指定した文字（ここでは当日日付）に置換するという処理です。このreplace関数によって、ファイルコンテンツの値には、テキストファイル中の「####」が当日日付に置き換わった値が設定されます。
　上記の処理によって、常に当日日付から始まるテキストが、当日のファイル名で保存されるようになっています。

関数の処理内容を表したフロー

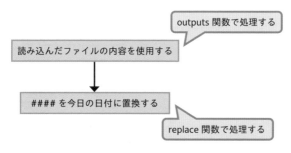

▲outputs関数とreplace関数の組み合わせで処理を行っている

テスト実行する

ここまでできたら、フローを実行しましょう。すると、OneDriveにテキストファイルが作成されます。

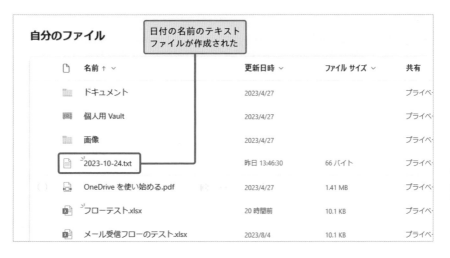

このように、定型的な文章を定期的に作成するケースで、Power Automateを活用することが可能です。

フローを毎日動かすようにしてみましたが、ちゃんと日付ごとのファイルが作成されるようになりました！　これで日々の報告がやりやすくなりそうです。

それはよかった。こういう風に定型的な文章を日々作成するときにも、Power Automateは使えるんだ。仕事環境や自分の環境にあったフローの作成を考えてみるといいよ。

Excelのコネクタ　行の取得・更新・追加

Excelファイルを読み書きする

それでは次にExcelファイルの読み書きの方法を見てみよう。Excelファイルは仕事で使うことも多いから、イメージがつかみやすいんじゃないかな？

事務仕事でExcelを使うことが多いので、自動化できると便利ですね。

3　ファイルを操作しよう

Excelファイルを操作するさまざまなアクション

P.89でも紹介したように、Power Automateでは、Excel Onlineコネクタを使うことで、**OneDrive上のExcelファイルを操作できます。** このコネクタには、Excelファイルを操作するさまざまなアクションがあります（2023年11月時点）。

Excelファイルを操作するさまざまなアクション

アクション名	機能
ワークシートの取得	ワークブック内のシート一覧を取得する
行の更新	キー列を指定して、項目が存在する行を更新する
行の削除	キー列を指定して、項目が存在する行を削除する
行の取得	キー列を指定して、項目が存在する行を取得する
表内に存在する行を一覧表示	テーブル内に存在する行をすべて取得する
テーブルの作成	テーブルを作成する
テーブルの取得	テーブルの一覧を取得する
ワークシートの作成	ワークブック内に新しいワークシートを作成する
表にキー列を追加	テーブルに新しい列を追加する
表に行を追加	テーブルに行を追加する

これらを使えば、Excelファイルをある程度自由に修正することが可能です。

本section ではその中から一部のアクションを使って、フローを作成する例を紹介します。

本sectionで作成するフロー

　ここでは、Excel ファイルを読み書きするフローを作成します。Excel ファイルには2つの「テーブル」を用意します。

- 項目数テーブル
- 入力表テーブル

元の Excel 表

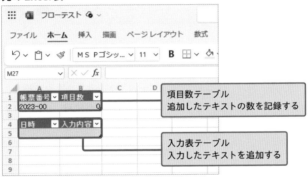

　本フローを実行すると、上記の表が以下のようになります。

フロー実行後の Excel 表

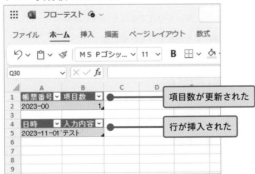

　読み書きの方法を学ぶためのフローなので、処理は簡単なものとしています。フロー実行時に表示されるボックスにテキストを入力すると、それを Excel ファイルの「入力表テーブル」に追加し、「項目数テーブル」の項目数を 1 増やします。これで 行の追加 と セルの更新 という 2 つの処理を学べます。

　Power Automate で Excel ファイルのセルを更新する場合は、行の取得アクション と、その値を基に 行の更新アクション の 2 つを使います。

フローの概要

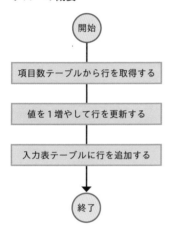

　また、セルを指定する際は、A1 などのセル番地指定ではなく、テーブル上の 1 つの列項目をキー値（編集する行を特定するための値）として扱い、それで列と行を特定します。セルを指定してそのセルの情報だけを読み書きすることはできません。

キー値の扱い

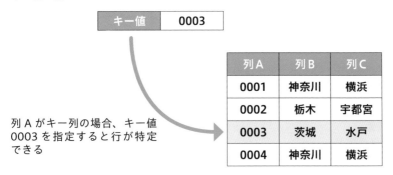

列Aがキー列の場合、キー値
0003を指定すると行が特定
できる

▲行を特定する列を「キー列」と呼ぶ。Power AutomateでExcelファイルを編集する際はこのキー列を利用する

　今回は項目数の列の隣に**帳票番号**の列を作成し、それをキー値として扱うこととします。項目数を更新する際は、「項目数テーブルの項目数の列で、帳票番号が2023-00の行」のように指定します。

Excelファイルの準備

　フローを作成する前に、まずはExcelファイルを作成しておきましょう。今回はP.102と同様、OneDriveにExcelファイルをアップロードします。サンプルファイルの中から「c3-Excelファイルの読み書き.xlsx」をOneDriveにアップロードしてください。

　次に、P.105と同じ手順でファイル名を「フローテスト.xlsx」に変更します。

ファイル名が「フローテスト.xlsx」という名前に変更された

本 section では、この Excel ファイルを基に、処理を行っていきます。

Excelファイルの読み書きフローを作成する

それではいよいよ、フロー作成に入っていきましょう。次の設定でインスタントクラウドフローを作成します。

作成するフローの設定値

設定内容	設定値
フロー名	Excel ファイルの読み書き
このフローをトリガーする方法を選択します	手動でフローをトリガーします

■ 入力の追加

手動でフローをトリガーする場合、実行時に入力する値を定義できます。実行時に入力する値を定義しておくと、フローを実行するときに入力欄が表示されます。ここで入力した値はフローの中で利用できるので、フローを手動で実行するたびに違う入力値を使いたい場合などに活用できます。

フロー実行時に表示される入力欄

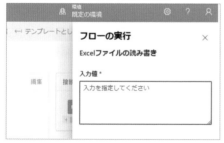

今回はここに文字入力欄を1つ追加します。フロー作成画面のトリガー名をクリックすると、[入力の追加]が表示されるので、テキストが入力できるよう設定します。

3
ファイルを操作しよう

行の取得

　では、項目数テーブルの操作を設定していきましょう。Power AutomateでExcel
表のデータを更新するためには、**まず現在の値を取得する必要があります。**

　Excelの操作には、Excel Online (OneDrive) コネクタのアクションを使用します。
今回は行の取得を行うため、Excel Online (OneDrive) コネクタの**行の取得アクショ
ン**を使用します。

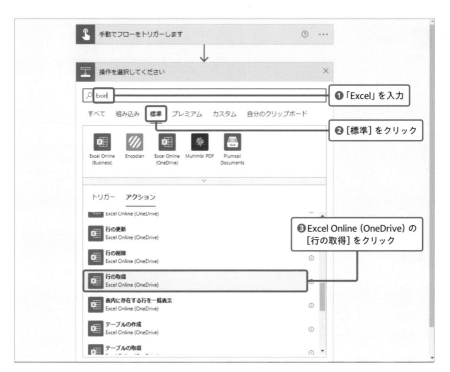

続いて次の通り、アクションの値を入力していきましょう。

行の取得アクションの設定値

入力箇所	設定値	値の設定方法
ファイル	/ フローテスト .xlsx	ピッカーにて選択
テーブル	項目数 ※ Excel ファイル内のテーブルの名称を表す	▽ボタンで表示される一覧から選択
キー列	帳票番号 ※テーブル内のキー値が格納されている列を表す	▽ボタンで表示される一覧から選択
キー値	2023-00 ※キー列内の編集行を特定する値を表す	直接入力

　なお、ファイル名、テーブル名、キー列は、テキストボックス右のアイコンをクリックすると、一覧から選択可能です。

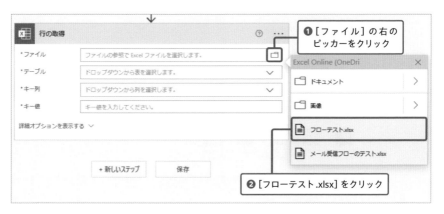

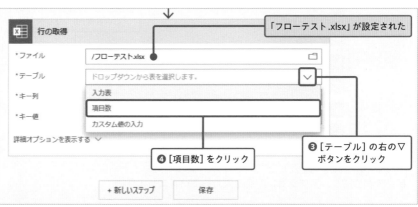

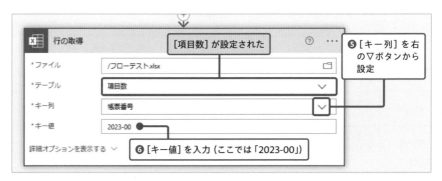

テキストボックス右のアイコンのクリックにより、
OneDrive 上のフォルダが読み込まれるから、テーブル名
やキー列の入力が簡単にできるようになっているんだ。

へぇ～。面白いですね。

もし、テーブル名やキー列が見つからない場合は、以下
の内容を確認してみよう。

COLUMN　▽ボタンから目的のテーブル名やキー列が見つけられない場合

Power Automate では、設定した Excel ファイル内に設定されているテーブルは自動で読
み込まれ一覧に表示されます。しかし、ここで▽ボタンをクリックしたとき、期待して
いた項目が表示されない場合があります。

入力表が一覧に表示されていない

原因として考えられるのは、アクションを追加したあとで Excel ファイル側を編集したた
め、一覧の情報が古いといったものです。その場合は、Power Automate を表示してい
る Web ブラウザの再読み込みを行ってみましょう。

3
ファイルを操作しよう

行の更新

次に行の更新です。Excel Online (OneDrive) コネクタの**行の更新アクション**を使用します。

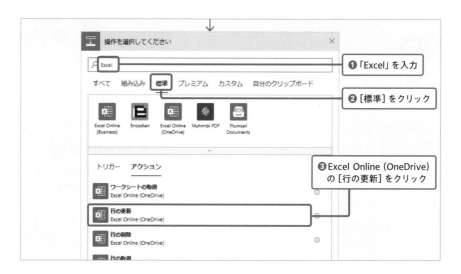

今回も次の通り、アクションの値を入力していきましょう。**先ほどの行の取得アクションで帳票番号が動的なコンテンツとして利用できるようになっている**ので、こちらを使います。

行の更新アクションの設定値

入力箇所	設定値	値の設定方法
ファイル	/ フローテスト .xlsx	ピッカーにて選択
テーブル	項目数 ※ Excel ファイル内のテーブルの名称を表す	▽ボタンで表示される一覧から選択
キー列	帳票番号 ※テーブル内のキー値が格納されている列を表す	▽ボタンで表示される一覧から選択
キー値	2023-00 ※キー列内の編集行を特定する値を表す	直接入力
帳票番号	帳票番号 ※行の取得アクションで取得した帳票番号	動的なコンテンツを利用
項目数	add(int(outputs(' 行の取得 ')?['body/ 項目数 ']),1)	数式として入力

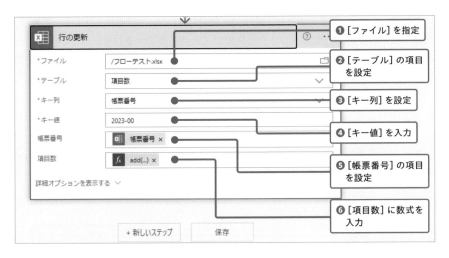

- ❶ [ファイル] を指定
- ❷ [テーブル] の項目を設定
- ❸ [キー列] を設定
- ❹ [キー値] を入力
- ❺ [帳票番号] の項目を設定
- ❻ [項目数] に数式を入力

■ 項目数に設定した関数の詳細

ここで、項目数に設定した以下の関数について解説しましょう。

```
add(int(outputs('行の取得')?['body/項目数']),1)
```

項目数には、行の取得アクションで取得した項目数に1を足した値を計算する関数を設定します。outputs関数でアクションの値を取得し、int関数でその値を数値として扱えるように変更、**add関数**でその値に1を足します。

関数の動作

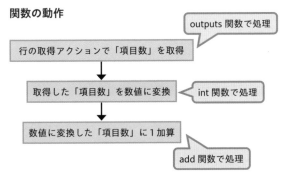

行の取得アクションで「項目数」を取得 ← outputs 関数で処理

取得した「項目数」を数値に変換 ← int 関数で処理

数値に変換した「項目数」に1加算 ← add 関数で処理

▲項目数に1を足した値を計算する関数

ここで、outputs 関数のあとに「?['body/ 項目数']」という記述があります。これは、関数で指定した行の取得アクションの結果のどの値を使用するかを示しています。行の取得アクション自体は行の情報をすべて取得するため、その行からどの項目を使用するのかを角カッコ [] で指定しています。

行の追加

　次に入力表テーブルに行を追加するアクションを追加しましょう。Excel Online (OneDrive) コネクタの**表に行を追加アクション**を使用します。

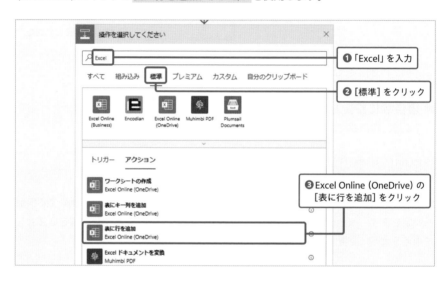

　今回も次の通り、アクションの値を入力していきましょう。

行の追加アクションの設定値

入力箇所	設定値	値の設定方法
ファイル	/ フローテスト .xlsx	ピッカーにて選択
テーブル	入力表 ※ Excel ファイル内のテーブルの名称	▽ボタンで表示される一覧から選択
日時	convertFromUtc(triggerOutputs()['headers']['x-ms-user-timestamp'], 'Tokyo Standard Time')	数式として入力
入力内容	入力値 ※トリガーに設定した入力値	動的なコンテンツを利用

　日時では、フロー実行時点のタイムスタンプの値を、そのままUTCからJSTに変換したものを指定しています。

　また、入力内容は、**トリガーに設定した入力値**を使用します。この値は入力内容テキストボックスをクリックすると表示される、動的なコンテンツの一覧にあります。

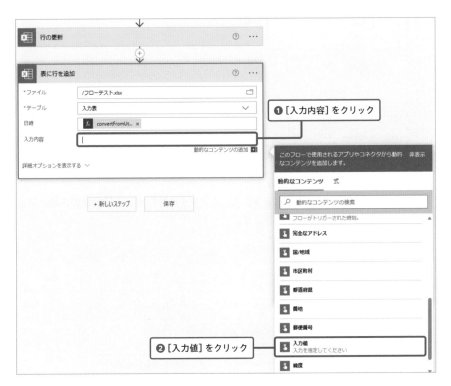

　これでExcelファイルを読み書きするフローは完成です。

テスト実行する

　ここまでできたら、フローを実行してみましょう。画面右上の［テスト］より、テスト実行します。すると、テスト実行が開始され、入力値を指定するテキストボックスが表示されます。今回は「テスト」とだけ入力してみましょう。

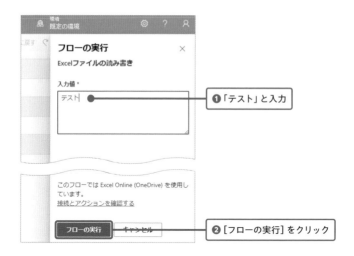

❶「テスト」と入力

❷［フローの実行］をクリック

ほどなくしてテストが実行されます。Excelファイルを開くと、行が追加され、項目数も更新されていることが確認できます。

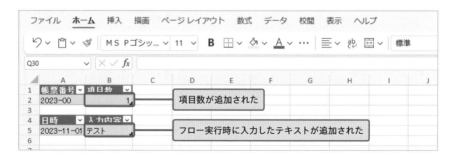

項目数が追加された

フロー実行時に入力したテキストが追加された

Excelファイルの入力表に入力した内容が書き込まれるようになりました！ これはとてもいろんな場面で使えそうですね。

そうだね。報告書の作成などいろんな場面で応用ができると思うよ。

chapter 4

メールを送受信しよう

section 01

メール

Power Automateで
メールを送受信するには

Power Automate ではメールに関する処理ってできるんですか？

 たとえばどんな処理をしたいの？

定型メールの自動送信や、受信した英文メールの翻訳などを考えているんですが……。

 なるほど。それは Outlook メールのコネクタなどを使うといいよ。メール受信をトリガーにしたフローや、メールを送信するフローを作れるんだ。

メール送信する
フローなどが作
れる

ぜひ使い方を教えてください！

 chapter 4 で学ぶこと

・メールの受信をトリガーにする
・メールを送信する
・RSS を取得する
・メールのフラグをトリガーにする

メールのコネクタ　自動化したクラウドフロー

メールを送受信する方法

メールを送受信するコネクタはいくつか種類があるんだ。
まずはその概要をおさえよう。

Outlook.comだけでなくGmailも使えると助かりますね。

Power Automateを使ったメール送受信

Power Automateでは、メールの送信や受信を行うためのコネクタがいくつか存在します。

● Office 365 Outlook（Microsoft 365 Businessのメールボックス用）
● Outlook.com（Microsoft 365 Businessではない個人のメールボックス用）
● Gmail

　これらのコネクタには**メールの送信や返信・削除といったアクション**のほか、**メール受信をきっかけに動作するフローを作成するためのトリガー**が用意されています。
　Outlook.comやOffice 365 Outlookのトリガーでは、メールに**フラグ**が設定されたときをきっかけとしたトリガーや、フラグを設定するアクションなども用意されています。

手動実行以外のトリガーを利用する

　今までのchapterでは、手動でフローを実行するトリガーのみを使ってフローを作成してきました。これらのトリガーは、Power AutomateのWebサイトからフローを直接選択し実行することで、フローが動作していました。しかしPower Automateでは、ほかのWebサービスなどでなんらかの事象が起こったときに、それをきっかけとして動作するフローを作ることもできます。
　これらのフローは原則的に自分自身で実行操作を行う必要がありません。たとえば、

メール受信をきっかけとしたトリガーであれば、指定したメールボックスにメールが
届いたときに、自動的にフローが実行されます。

　たとえば、メールを受信するというトリガーを使用した場合、そのフローがアクティ
ブになっている間は、メールを受信するたびに自動的にフローが実行されます（Power
Automateのサービスの状態によっては、2、3分のタイムラグが発生する場合があり
ます）。

なんらかの事象をきっかけに自動的に実行される

フローが実行される

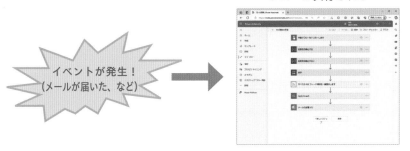

▲Power Automateでは、なんらかの事象をきっかけに実行されるフローを作成できる

手動実行以外のフローをテストする方法

　これらのトリガーのテストを行う場合は、実際に該当のメールボックスでメールを
受信するなど、**トリガーとなる操作を実際に行う必要があります**。これまでの手動実
行をトリガーとするフローのテストとは異なるので、注意しましょう。

本chapterでも、メール受信を待ち受ける形でテスト実
行するよ。

　なお、手動フローの作成後に一度でもトリガーとなる動作を受信した場合は、最近
使用したトリガーの内容を使って、フローの実行を再現することが可能です。詳細は
P.141で解説します。

過去のトリガー情報を再現してフローを実行する

過去のトリガー情報を使用した
フローの実行が可能

　本書ではOutlook.comでのメール送受信を中心にフローの解説を行っていきます。ただし、基本的な使用方法はほかのコネクタも変わらないので、必要に応じて読み替えてください (一部Gmailコネクタでは使用できない方法も存在します)。

COLUMN　フローが無効化されてしまう場合もある

Power Automateでは、トリガーでエラーが頻発したときや、トリガーが90日間実行されなかった場合、フローが無効化されてしまうことがあります。その際はPower Automateのシステムよりメールで通知されるので、そのメールを確認の上、フローの再開や修正など、適切な処理を行ってください。

4
メールを送受信しよう

131

Outlookコネクタ メール受信

メール受信のトリガーを使用する

それではさっそく、メールの受信をトリガーとしてフローを実行してみよう。

メールの受信をトリガーにする？

これを使えば、どこかからメールを受信したときに実行されるフローを実現できるんだ。たとえばメールを受け取ったという内容を、Excelファイルに保存したり、他部署に一部分だけをメールで送ったりとかね。

本sectionで作成するフロー

　メール受信をトリガーにすれば、指定したメールボックスにメールが届いたときに、実行されるフローを作成することができます。たとえば、メールで来た問い合わせをExcelで管理するといった作業に活用できます。

　今回は、メール受信をトリガーとしたフローの動作を確認するため、メールを受信したらそのメールのタイトルと受信日時をExcelファイルに記入するというフローを作成します。

フローの概要

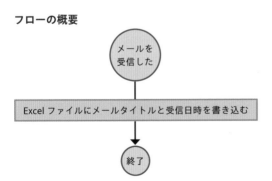

フローの実行結果例

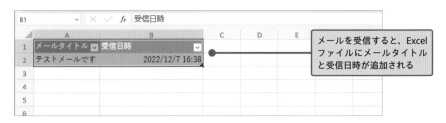

今回はPower Automateの無料トライアルでの動作を紹介するため**Outlook.com のコネクタ**を利用しますが、Office 365 Outlook コネクタやGmailのコネクタでも基本的な利用方法は同じです。

Excelファイルを用意する

まずは実際のフローを作成する前に、フローで扱う Excel ファイルをアップロードしましょう。OneDriveの最上位フォルダに、サンプルファイルの中から「c4-メール受信のトリガーを使用する.xlsx」をアップロードし、「受信メール一覧.xlsx」という名前に変更します。

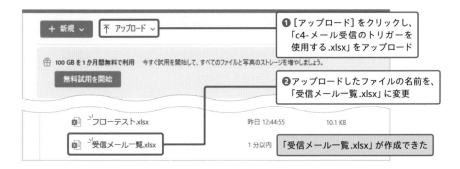

フローを作成する

それではフローを作成していきましょう。今回はインスタントクラウドフローではなく、**自動化したクラウドフロー**を使って作成を開始します。

P.32でも紹介しましたが、自動化したクラウドフローとは、別サービスでの出来事をきっかけに動作するフローを作成できる、トリガーが集められた画面です。

次にフローの作成に必要な情報を入力します。なお、トリガーは非常にたくさんあるので、見つけられない場合は、画面中央にある、すべてのトリガーを検索するテキストボックスをクリックし、トリガーを絞り込みましょう。

作成するフローの設定値

設定内容	設定値
フロー名	メール受信のテスト
フローのトリガーを選択してください	新しいメールが届いたとき（Outlook.com）

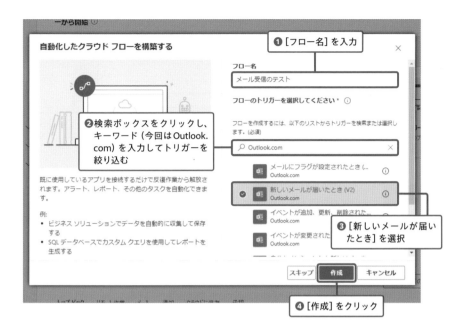

P.94のOneDriveなどのときと同様、ここでも独自にサインイン処理を行う必要があります。以下のような画面になった場合は、サインインをしてください。メールを待ち受ける関係上、サインインの際は、**Outlookのメールアドレスが ID の Microsoft アカウント**を使用してください。

すると、**新しいメールが届いたときのトリガー**を使った、まだアクションのないフローが作成されます。

4

メールを送受信しよう

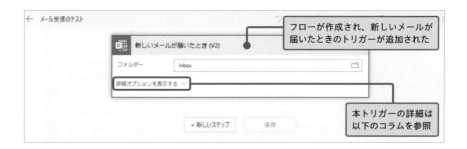

新しいメールが届いたとき (V2)

フォルダー　Inbox

詳細オプションを表示する ∨

フローが作成され、新しいメールが
届いたときのトリガーが追加された

本トリガーの詳細は
以下のコラムを参照

+ 新しいステップ　　保存

COLUMN 受信メールをフィルタリングする方法

日常的にメールを受信している Microsoft アカウントでこのフローを作成する場合、メールが1つ届くたびに、毎回このフローが実行されることになります。メールの受信量がとくに多い場合は、受信者や件名を限定するなど、フローの実行条件を詳細に設定することで、フローの呼び出し回数を制限できます。

フローの実行条件は、新しいメールが届いたときのトリガーの詳細オプションより変更できます。トリガー下部にある [詳細オプションを表示する] をクリックし、宛先や差出人のアドレス、件名などのフィルタリング条件を指定します。

トリガーの詳細オプション

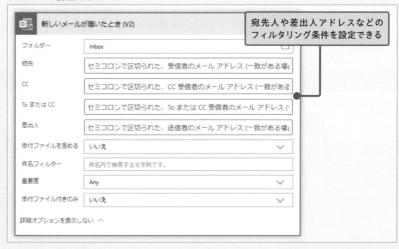

新しいメールが届いたとき (V2)

フォルダー	Inbox
宛先	セミコロンで区切られた、受信者のメール アドレス (一致がある場;
CC	セミコロンで区切られた、CC 受信者のメール アドレス (一致がある
To または CC	セミコロンで区切られた、To または CC 受信者のメール アドレス (;
差出人	セミコロンで区切られた、送信者のメール アドレス (一致がある場;
添付ファイルを含める	いいえ
件名フィルター	件名内で検索する文字列です。
重要度	Any
添付ファイル付きのみ	いいえ

詳細オプションを表示しない ∧

宛先人や差出人アドレスなどの
フィルタリング条件を設定できる

Excelファイルに書き込む

P.133で作成したExcelファイルに、メールタイトルや受信日時を書き込むには、Excel Online (OneDrive) コネクタの**表に行を追加アクション**を使用します（P.124参照）。アクションの値は次のように入力しましょう。

行の追加アクションの設定値

入力箇所	設定値	備考
ファイル	/受信メール一覧.xlsx	ピッカーにて選択
テーブル	メール	リストから選択
メールタイトル	[件名]	動的なコンテンツより挿入
受信日時	formatDateTime(convertTimeZone(triggerOutputs()?['body/DateTimeReceived'], 'UTC', 'Tokyo Standard Time'), 'yyyy/MM/dd HH:mm:ss')	数式として入力

「新しいメールが届いたとき」トリガーによって、[差出人] や [宛先]、[件名] といった、メールの内容を表す変数が追加されています。メールタイトルの欄には、[件名] を使うので、動的なコンテンツの一覧から追加してください。

また、受信日時では、フロー実行時点のタイムスタンプの値をUTCからJSTに変換し、日本語で読み取りやすい書式への変換を行っています。

なお、「DateTime形式」という項目が表示される場合は、空欄で問題ありません。

❶Excel ファイルとテーブルを指定

❷[メールタイトル] に動的なコンテンツの一覧から [件名] を追加　❸[受信日時] に数式を入力

4 メールを送受信しよう

convertTimeZone関数を利用する理由

今回は受信日時のタイムゾーンの変換に、convertFromUtc関数ではなく、convertTimeZone関数を利用しています。これは、Power Automate が扱っている UTC の時刻表記と、メールで使用されている UTC の時刻表記が若干異なるためです。
そのためここでconvertFromUtc関数を使うと、表に行を追加する時点でエラーが発生します。

タイムゾーンの変換ができずにエラーが発生した

エラーの内容は一見わかりづらいですが、タイムゾーンの表記が期待している値と異なっていることを示しています。このようにタイムゾーンの変換時にエラーが発生しているときはタイムゾーンの変換にconvertFromUtc関数ではなく、convertTimeZone関数を利用することで、問題が解決する場合があります。

テスト実行する

　フローが完成したので、テストを実行しましょう。「手動でフローをトリガーする」以外のトリガーを使ったフローをテストする場合、テストの操作は異なります。

　まずはテスト実行し、トリガーとなる処理を待つという形になります。今回はメール受信のトリガーを使ったため、テスト開始後、メールを受信するまでフローの実行は停止します。

　それではフローを保存し、テスト実行してみましょう。

　すると、メールの受信を待ち受ける状態になります。フローの実行はメールを受信するまで停止するので、メールソフトを操作し、P.135でサインインしたメールアカウントにメールを送ってください。

4

メールを送受信しよう

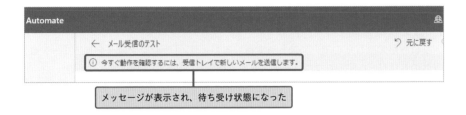

メッセージが表示され、待ち受け状態になった

こののちメールを受信すると、フローが実行され、テストの結果が表示されます。

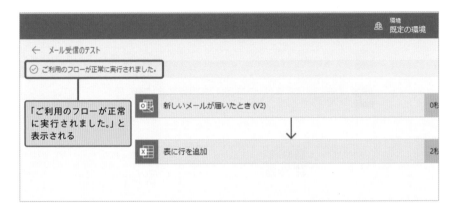

「ご利用のフローが正常に実行されました。」と表示される

それでは、Excelファイルを見てみましょう。先ほど送ったメールの値が書き込まれているはずです。なお、Micorosoftアカウントなどの設定によっては、受信日時の見え方が異なる場合もあります。

メールのタイトルが追加されている

以前受信したメールで再度フローをテストする

今回のフローをこれまでに受信したことのあるメールで再度テストをしたい場合、テストの実行方法にて［自動］を選ぶことで過去実行された条件を再現してフローを実行できます。

テストの実行方法を選択するとき、［自動］をクリックします。すると、直近にフローが実行されたときの履歴が表示されるため、その中から任意の項目を選択して、テストを実行できます。

テストの実行方法を選択する

このようにすると、最近受信したメールと同じ内容を、同じ時刻に受信したという状態を再現できます。ただし、ここに表示される項目は5つまでです（2023年11月時点）。再テストしたいものがあった場合は、早めの再現を試みるとよいでしょう。

4
メールを送受信しよう

メールを送信する

それでは、次はメールを送信するフローを作成してみよう。インターネットの情報を取得して、それをメールの送信アクションを使って送信するよ。

なるほど。それは応用範囲が広そうですね。

RSSとメール送信を組み合わせたフローを作る

今回は、窓の杜の最新情報の一覧をメールで取得するというフローを作成してみましょう。最新情報の基準は実行時の時間により分岐し、18時以降であればその日の0時から今までの記事を、それ以前であれば前日の18時から今までの記事を最新情報として扱うこととします。また、窓の杜の情報を受信する方法として、インターネットクローラー向けに作成されたファイルフォーマット、RSSの情報を使用します。

今回作成するフローの動作の流れ

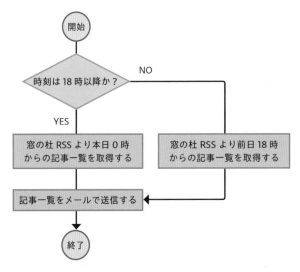

このフロー図では、条件分岐の先に「窓の杜RSSより●
●時からの記事一覧を取得する」という処理が2つある
よね。

そうですね。とくに難しくはなさそうですが……?

ところが、実際にPower Automateのフローにすると、
条件分岐の「はいの場合」と「いいえの場合」のブロック
に入れるアクションが、とても長くなってしまうんだ。

分岐の中で行う処理をなるべく少なくすると、フロー作成の手間を簡略化できます。
そのため、取得日時を決める部分を先に抜き出して結果を変数に入れておき、RSSを
取得してメールを送る処理が1つになるよう工夫します。

実際に作成するフローの動作

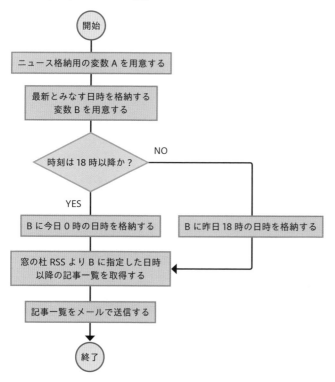

4 メールを送受信しよう

この図の動作を実現する場合は、次のようなフローになります。

今回作成するフローの実装例

RSS情報の受信フローを作成する

それではさっそくフローを作っていきましょう。次の設定でインスタントクラウドフローを作成してください。

作成するフローの設定値

設定内容	設定値
フロー名	RSS 情報の受信
このフローをトリガーする方法を選択します	手動でフローをトリガーします

RSSとは

RSSとは、主にブログやニュースサイトなどで使用されているXML形式のデータファイルです。RSSファイルは主に人間ではなくプログラムが読むことを前提として作成されており、Power Automateようなプログラムや、フィードリーダーと呼ばれるアプリケーションやWebサービスが読み取ることによって、Webサイトの情報をプログラムが処理するために用いられます。

RSSファイルの構造

Power AutomateのRSSコネクタを使えば、URLを指定してRSSファイルをダウンロードし、記事の一覧をフローで扱えるようになります。

4

メールを送受信しよう

変数を初期化する

それではまず、今回のフロー作成に必要な変数を作成します。
今回必要となる変数は次の2つです。

● RSSの内容を格納する、文字列変数
● 最新とみなす時刻（本日0時または前日18時）の時刻表現を格納する、文字列変数

Power Automateで日時を扱う場合、「2023-12-31T10:00:00.0000000Z」という形式の時刻表現を示す文字列を使用します。

最後のZはこの値が世界標準時（UTC）であることを示します。日本はUTCから比べて9時間の時差がありますので、日本の時間とは9時間ずれた時刻となります。基本的にはこの時刻は関数を使用して操作することになるため、実際の時刻表現を見ること自体は多くないのですが、基礎知識として頭に入れておいてください。

それでは文字列変数を2つ追加します。［新しいステップ］をクリックして、組み込み分類の変数コネクタを選択し、変数の初期化アクションを2つ追加します。

内容は次の通りとなります。

変数の初期化アクションの設定値

変数名	変数型	値
文字列変数	文字列	なし（未入力）
時刻変数	文字列	なし（未入力）

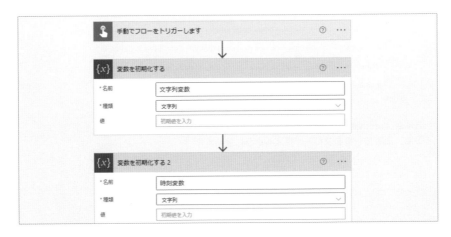

最新とみなす時刻を設定する

　次に最新とみなす時刻を指定します。冒頭で説明した通り、このフローでは、**時刻が18時以降の場合は、その日の0時、そうでない場合は前日の18時**を最新とみなす時刻に使用します。この条件を基に、時刻を時刻変数に設定していきます。

■ 条件を設定する

　まずは**条件分岐アクションにより、分岐を作成します。**組み込み分類のコントロールコネクタを選択し、分岐を作成します。
　そして、分岐の値には次の値を入力します。

条件分岐アクションの設定値

入力箇所	設定値	値の設定方法
左側の値	int(formatDateTime(convertFromUtc(triggerOutputs()['headers']['x-ms-user-timestamp'],'Tokyo Standard Time'), 'HH'))	数式として入力
比較方法	次の値以上	リストから選択
右側の値	18	直接入力

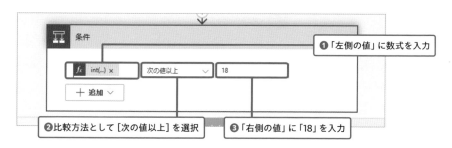

❶「左側の値」に数式を入力

❷比較方法として［次の値以上］を選択

❸「右側の値」に「18」を入力

　この関数を含む式の記法については、条件分岐のsectionでも紹介しました（P.68参照）。
　フローが実行された時点でのタイムスタンプを基に、その値を日本標準時の時刻に変換し、そして、その中から24時間制での時刻の値を取得後、その値が18以上だったときは「はい」へ、そうでない場合は「いいえ」に分岐するというのがこのブロックの流れです。

4

メールを送受信しよう

■ 条件に合致した（時刻が18時以降だった）ときの処理

　まずは条件に合致したとき（はいの場合）の処理を指定します。その日の0時の時刻を設定するので、組み込み分類の変数コネクタより、**変数の設定アクション**を選択します。そして、次の値を入力します。

変数の設定アクションの設定値

入力箇所	設定値	値の設定方法
名前	時刻変数	リストから選択
値	formatDateTime(convertFromUtc(triggerOutputs()['headers']['x-ms-user-timestamp'],'Tokyo Standard Time'), 'yyyy-MM-dd 00:00:00')	数式として入力

　ここでは、フロー実行開始時のタイムスタンプを基に、年月日の値はそのままに、時分秒の値を0に設定しています。

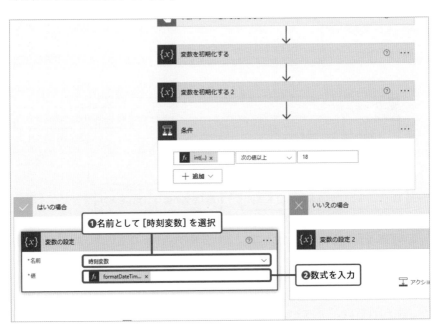

　この処理により、時刻変数にこの数式の結果、すなわち当日の0時の時刻表現が格納されます。

■ 条件に合致しなかった（時刻が18時より前だった）ときの処理

条件に合致しなかったとき（いいえの場合）の処理も大まかには同じ内容ですが、前日の日付を指定しなければなりません。時刻表現から日付部分の値だけを増減するために、**addDays関数**を使用します。

変数の設定アクションの設定値

入力箇所	設定値	値の設定方法
名前	時刻変数	リストから選択
値	formatDateTime(addDays(convertFromUtc(triggerOutputs() ['headers']['x-ms-user-timestamp'],'Tokyo Standard Time'), -2), 'yyyy-MM-dd 18:00:00')	数式として入力

ここでは、convertFromUtc関数で日本標準時に変換した時刻を、addDays関数で1日前の日付にずらしています。addDays関数は**時刻表現の日付部分を指定した日数ずらす関数**なので、-2を指定することで前日の時刻表現を得ることができます。

最後にformatDateTime関数で、年月日の値はそのままに、時分秒のみを18時ちょうどに変換しています。

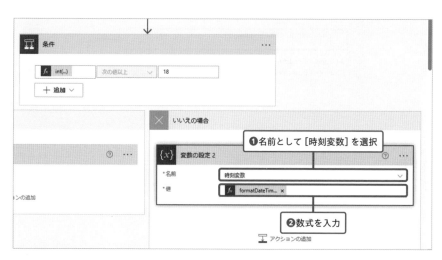

❶名前として［時刻変数］を選択

❷数式を入力

この処理により、時刻変数にこの数式の結果、すなわち前日の18時の時刻表現が格納されます。

RSSを取得する

　ここまでで時刻変数には、当日の0時か前日の18時の時刻表現が格納されました。次にこの値を用いて、RSSフィードからこの日時以降の項目をすべて取得します。

■ RSSフィード項目を一覧表示アクションを使用する

　それでは、RSSフィードをダウンロードしましょう。［新しいステップ］をクリックして、標準分類のRSSコネクタを選択し、すべてのRSSフィード項目を一覧表示しますアクションをクリックします。

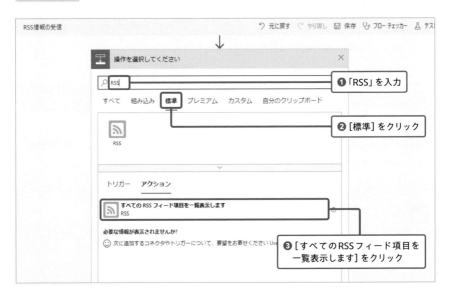

　すると、すべてのRSSフィード項目を一覧表示しますアクションがフローに追加されます。

　ここにRSSフィードのURLなどの値を設定してください。

RSSアクションの設定値

設定項目	設定値	値の設定方法
RSSフィードのURL	https://forest.watch.impress.co.jp/data/rss/1.0/wf/feed.rdf	直接入力
以降	時刻変数	動的なコンテンツより挿入
選択したプロパティを使用して新しいアイテムを判断します	PublishDate	リストから選択

「以降」の欄に設定する時刻変数は、先ほどの条件式で設定した変数、時刻変数を使用します。動的なコンテンツの一覧から時刻変数を挿入してください。

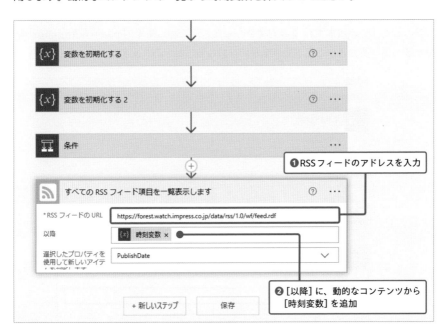

RSSの内容を変数に追加する

続いて、読み込んだRSSの内容を文字列変数に追加していきます。RSSの項目は、配列のように複数の要素が格納されています。このため、読み込んだ値を**Apply to each（それぞれに適用する）アクション**によって繰り返し実行することで、すべての情報を取得することができます。

読み込まれたRSS情報のイメージ

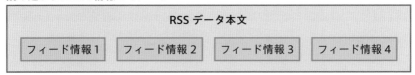

■ Apply to each（それぞれに適用する）アクションを追加する

Apply to each（それぞれに適用する）アクションを追加します。[新しいステップ]をクリックして追加する項目の選択画面を表示し、組み込み分類のコントロールコネクタを選択し、中からApply to eachアクションを選択します。

そして、Apply to eachアクションの［以前の手順から出力を選択］には、動的なコンテンツの［body（本文）］を探してクリックし、追加します（Power Automateの状態によって、英語表示と日本語表示が切り替わることがあります）。

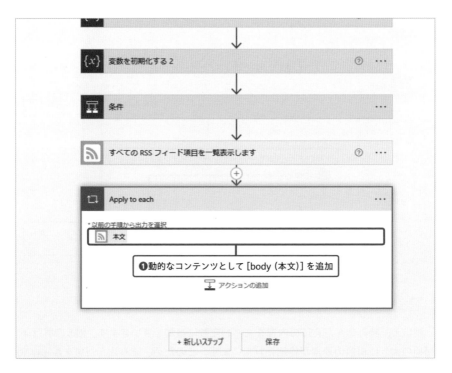

RSSの値を文字列変数に追加する

続いて、Apply to eachブロックの中で、文字列変数にRSSフィードの内容を追加していきます。今回は配信日とタイトル、そして、記事のURLを追加してみましょう。

■ フィードタイトルとプライマリフィードリンク

Apply to eachブロックの中で [アクションの追加] をクリックし、組み込み分類の変数コネクタにある、文字列変数に追加アクションを使用します。

文字列変数に追加アクションの設定値

設定項目	設定値	値の設定方法
名前	文字列変数	リストから選択
値	[title (フィードタイトル)] [primaryLink (プライマリフィードリンク)]	動的なコンテンツより挿入

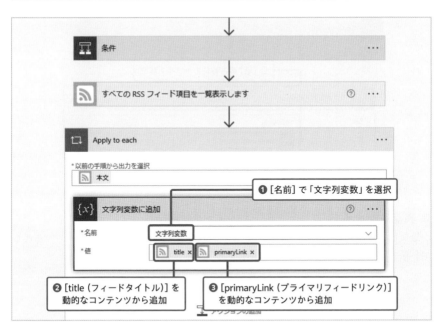

① [名前] で「文字列変数」を選択

② [title (フィードタイトル)] を動的なコンテンツから追加

③ [primaryLink (プライマリフィードリンク)] を動的なコンテンツから追加

■ 更新日を追加する

次に、記事の更新日を追加します。記事の更新日は**publishDate**または**フィードの更新日付**により取得できますが、この値は Power Automate で用いられる時刻表現なので、このままでは画面表記に適していません。

関数を使って「29日16:40」といった表記に整えておきましょう。[値] の左端にカーソルを移動し、式タブを選択、次の式を入力します。

```
formatDateTime(convertFromUtc(item()?['publishDate'], 'Tokyo Standard Time'),
'dd日HH:mm')
```

世界標準時で入力されているフィードの更新日付を一度日本標準時に変換し、その上で表示書式を「29日16:40」といった表記に整えます。入力ができたら、OK ボタンをクリックし、式を値欄の先頭に追加します。

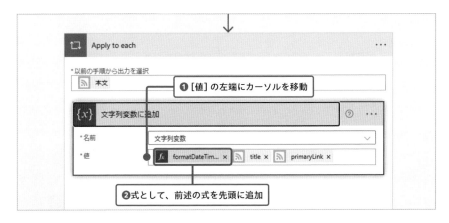

■ 表記を整える

最後に、式の直後に「：」(コロン)、文末にHTMLの「
」を追加し、メールとして表示するときの表記を整えておきましょう。

　これにより、次のようにメールに表示される記事の内容が整います。

> 29日16:40：NVIDIA製AI演算用サーバー「DGX H100」に複数の脆弱性、コード実行ど
> の恐れ⋯ほか【ダイジェストニュース】https://forest.watch.impress.co.jp/docs/
> digest/1527148.html

メールを送信する

　ここまでできたら、あとは今までの手順と変わりません。メール通知を送信してみ
ましょう。標準分類のOutolllk.com コネクタより、**メールの送信アクション**を選択し、
次のように設定します。

メール通知アクションの設定値

設定項目	設定値	値の設定方法
宛先	自分の受け取れるメールアドレス	直接入力
件名	最新情報	直接入力
本文	[文字列変数]	動的なコンテンツより挿入

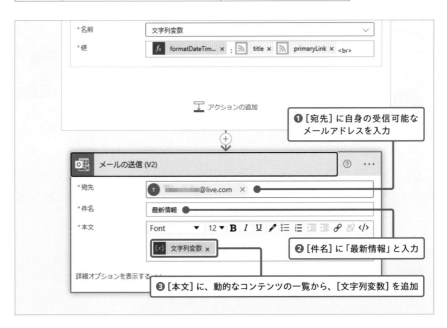

❶ [宛先] に自身の受信可能な
メールアドレスを入力

❷ [件名] に「最新情報」と入力

❸ [本文] に、動的なコンテンツの一覧から、[文字列変数] を追加

テスト実行する

　これでフローが完成しました。フローを保存後、画面右上の［テスト］をクリックして、テスト実行しましょう。実行すると、メールが届きます。RSSの内容を一部抜粋したメールが届けば、成功です。

RSSの内容がメールで届いた

おぉ〜。RSSの内容がメールで届きました！

このように、なんらかの処理をきっかけに実行するフローだと、さまざまなことが実現できるようになるんだ。

　なお、窓の杜は土日祝日のほか、不定期に休刊の日があります。休刊日の前後にこのフローを実行しても何も出力されないことがありますので、注意してください。詳しくは窓の杜のWebサイトのトップページを確認してください。

● 窓の杜

https://forest.watch.impress.co.jp

テスト実行の結果を確認する方法と注意点

テストの実行履歴は、フロー詳細画面の実行履歴から確認できます。フロー詳細画面は、マイフローからフロー名を選択して表示します（P.30参照）。

フロー詳細画面と実行履歴

フロー実行履歴の行をクリックすると、そのフローの実行結果を確認できます。一見、フロー編集画面に似ていますが、実行した時刻や、アクション内での入力値や出力値などの情報が表示されています。

4
メールを送受信しよう

フローの実行履歴詳細

入力や出力などの情報が表示される

ただし、判断ブロックなどの出力の結果は表示されるものの、そこで使用された変数の値までは確認できないアクションも存在します。

条件分岐のアクションでは、結果が表示されるのみで値が確認できない

式の結果であるfalse（条件不一致）しか確認できない

つまり条件分岐アクションの中で関数を使うと、その結果は確認できないということになります。このようなときのためにも、値が想定通りの値かどうかを確認したい計算は変数に設定するアクションで行うなど、テストや実行履歴が確認しやすいフロー作りも心掛ける必要があります。

メールフラグ　Translatorコネクタ

メールフラグ設定の
トリガーを使用する

メールフラグの設定をトリガーに使った処理も見てみよう。これを使えば、フラグを付ける操作を行ったメールだけを対象にしたフローが作成できるんだ。

なるほど、それも便利そうですね！

メールフラグの設定

メールフラグとは、Outlook.comに付属している機能で、「あとで処理をする」など特定の要件を持つメールに旗のマークが付けられる機能です。このフラグには、とくに明確なOutlook.com上の役割があるわけではないので、注目したいメールに気軽に設定できます。

メールのフラグ

↩ 返信　◆ 全員に返信　→ 転送　⊟ アーカイブ　🗑 削除　🏳 フラグの設定　…

ago.net>

[フラグの設定]をクリックすると、メールに付いているフラグの状態を切り替えられる

メールにフラグが設定されたときのトリガーを使うことによって、P.132のようなメール受信時でなく、限定されたメールにだけ処理を行うフローが作成できます。たとえば、処理の実行に時間がかかるフローを実現するときなど、フロー自体の実行回数を減らしたいときには、こちらのトリガーを使うとよいでしょう。

本sectionで作成するフロー

本sectionでは、メールにフラグを設定したら、英語のメールを日本語訳したメールが送られてくるというフローを作成します。

フローの概要

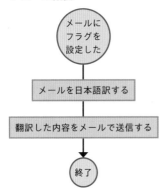

メール文書の翻訳には**Microsoft Translator**というMicrosoftが提供する翻訳サービスの機能を利用します。この翻訳サービスの機能は、Power Automateの**Microsoft Translator**コネクタより利用できます。

フローの実行結果

日本語訳されたメールが送られてくる

　今回はPower Automate無償版での動作を紹介するためOutlook.comのコネクタを利用しますが、Office 365 Outlookコネクタでも基本的な利用方法は同じです。なお、Gmailコネクタには「フラグが付けられたときに動作する」トリガーがないので、本フローを試すことはできません。

フローを作成する

　それではいよいよフロー作成に入っていきましょう。Outlook.comの**メールにフラグが設定されたとき**をトリガーに使うため、自動化したクラウドフローを作成し、以下の値を設定してください。

作成するフローの設定値

設定内容	設定値
フロー名	メールへのフラグ設定テスト
フローのトリガーを選択してください	メールにフラグが設定されたとき（Outlook.com）

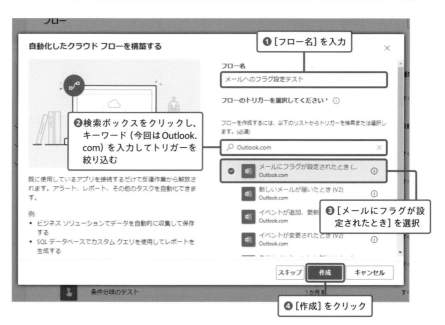

　これで、**メールにフラグが設定されたとき**のトリガーを使った、まだアクションのないフローが作成されました。

4
メールを送受信しよう

翻訳を行う

次に、翻訳のアクションを使用します。標準分類の **Microsoft Translator V2** コネクタ、**Translate text (テキストの翻訳) アクション**を選択します。

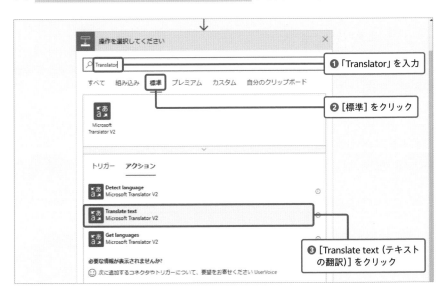

■ Translator の接続を作成する

Translate textのアクションを追加すると、まず名前を付けて接続を作成する画面が表示されます。Power Automate と Microsoft Translatorの接続を行うための名前なので、どのようなものでも構いません。今回は「テスト」と入力します。

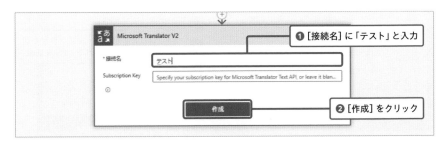

その下に [Subscription Key] という項目がありますが、この項目は、Microsoft Translatorの有料契約を行っている場合に、そのキーを入力する項目です。有効なキー

を入力することで1日に翻訳できる文字数を増やすことができます。今回は無料の範囲内で利用するため、[Subscription Key] は入力しません。

■ 翻訳文の設定を行う

接続が作成されると、アクションがTranslate text (テキストの翻訳) のものに変化します。今回は詳細オプションを含めて入力が必要なので、[詳細オプションを表示する] をクリックして詳細オプションを表示し、各項目に次の値を入力します。

翻訳アクションの設定値

入力箇所	設定値	値の設定方法
Translate Language (ターゲット言語)	日本語	▽ボタンで表示される一覧から選択
Text (テキスト)	本文	動的なコンテンツより挿入
Source Language (ソース言語)	空欄	-
Category (カテゴリ)	空欄	-
Text Type (テキストの種類)	html	▽ボタンで表示される一覧から選択

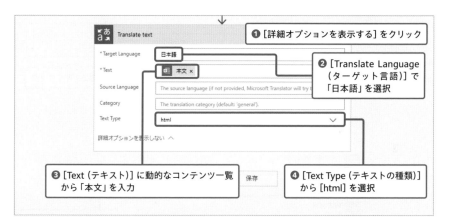

それぞれの項目について簡単に解説します。

- **Translate Language**：翻訳先となる言語の名前です。ここでは日本語を指定します。
- **Text**：翻訳を行う文章を指定します。ここでは動的なコンテンツ一覧から本文を指定することで、届いたメールの文章を対象にしています。
- **Source Language**：翻訳元となる言語を指定します。ここを空欄にすることで、元の言語が何かの判断をアクションに任せることができます。

4
メールを送受信しよう

163

- Category：翻訳の方向性を指定します。通常は空欄とします。
- Text Type：翻訳対象となる文章がホームページなどの記述言語であるHTMLか、そうでない平文（plain text）かを指定します。メールなどの文章を処理する場合はHTMLを指定してください。

なお、[Text Type] には、テキストメールを処理する場合であってもHTMLを指定しましょう。テキストメールをHTMLとして処理しても問題は起こりませんが、HTMLメールをplain textとして処理すると、HTMLタグがテキストとして翻訳され、表示が壊れてしまう問題が起こるためです。

メールを送信する

最後に翻訳したメッセージをメールで送ります。標準分類のOutlook.comコネクタより、メールの送信アクションを選択します。

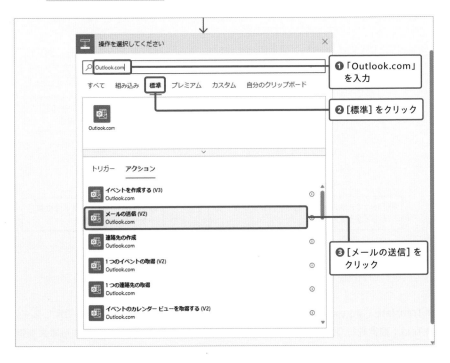

そしてそれぞれの項目に、次のように値を入力します。

メール送信アクションの設定値

入力箇所	設定値	値の設定方法
宛先	自身のメールアドレス	直接入力
件名	翻訳結果	直接入力
本文	翻訳されたテキスト	動的なコンテンツより挿入

テスト実行する

　フローが完了したので、テスト実行します。まずはフローを保存し、テストの方法として**手動**を選択し、メールの待ち受けを開始します。

　次にメールソフトを操作し、指定したメールアカウントに対して英文のメールを送ります。そして、Outlook.comにて、メールにフラグを設定します。

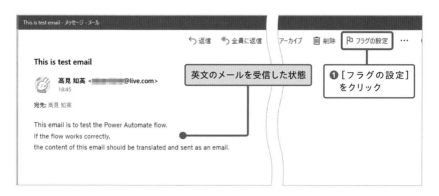

　するとフローが実行され、翻訳された内容が指定したメールアドレスに届きます。

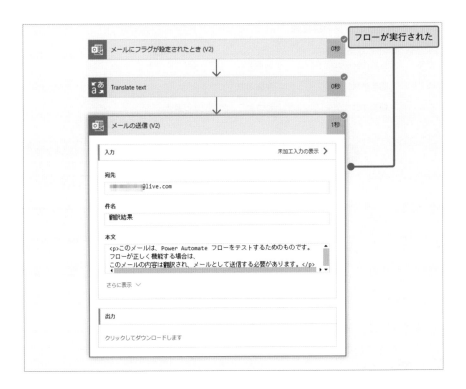

メールのほうも見てみましょう。翻訳結果のメールが届いていることが確認できるはずです。

おぉ！　翻訳されていますね！

chapter 5

SNSに自動投稿しよう

ところで、最近広報用のブログを始めたんですよね？

はい。でもいまいちアクセス数が増えなくて……。

なるほど……。SNSへの告知はちゃんとしてます？

はい。ただ、手作業だとついつい告知を忘れてしまって、
告知が翌日になってしまうこともあるんですよね。

なるほど、それが原因の1つかもしれませんね。こうい
うときにPower Automateは使えないかな？

いい着眼点だね。Power Automateを使えば、ブログの
更新を検出し、自動的にSNS通知するようなフローを
作って、ある程度は業務を簡略化できるよ。それだけで
もかなり楽にはなるんじゃないかな。

なるほど！　ぜひ教えてください！

 chapter 5で学ぶこと

・Bufferコネクタの導入
・SNSに自動投稿する

section 02

Buffer　**Bufferの利用登録**

SNS投稿を行う方法

Power Automateには、「Buffer」というSNSへの投稿処理を代行するWebサービス用のコネクタが用意されているんだ。

なるほど、それを使って投稿するんですね。

まずはBufferの導入方法を説明しよう。

Bufferとは

　Power AutomateにはSNSを直接操作するためのコネクタはありません。ただし、Facebookページなどの SNS に書き込みが可能なサービス、**Buffer**（バッファー）のコネクタがあるので、こちらを使用します。

　Bufferは複数のSNSに同時に投稿を行うことができるサービスです。Power Automate から Buffer にテキストを投稿することで、複数の SNS に同時に文章を投稿することのほか、投稿キューに追加し、予定されたタイミングで記事を投稿することが可能となります（Buffer無料アカウントの場合、1週間以内の日付を指定可能）。

Power Automate と Buffer の組み合わせ

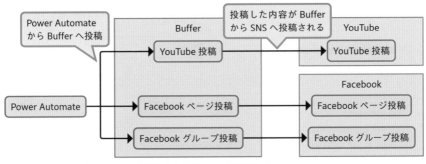

▲Power Automate から Buffer へ投稿した内容がSNSへ投稿される

5
S
N
S
に
自
動
投
稿
し
よ
う

169

X（旧Twitter）への投稿について

X（旧Twitter）はAPIなどの変更が続いておりBufferから投稿ができない、または、Bufferではでは有料プランに加入しないとXへの投稿ができないというような制限が発生する可能性があります。執筆時点では投稿できないとはされていませんが、本書では動作が安定しているFacebookでの投稿を解説しています。

 Power AutomateからSNSの情報を取得することはできない

Power Automateでは、Bufferの機能を利用する以外の方法を使ってSNSになんらかの操作を行うことはできません。このため、SNSの情報を使って何かをするというようなフローは作成できません（2023年11月時点）。
本来はPower AutomateではSNSへのアクセスは行えず、投稿に限り例外的にBufferのサービスを使うことで可能であると把握しておいてください。

Bufferの利用登録を行う

BufferはPower Automateとは別のサービスなので、先にBufferの利用登録を行う必要があります。公式サイトより利用登録を行いましょう。ここでは無料プランのアカウントを作成します。

● Buffer
https://buffer.com

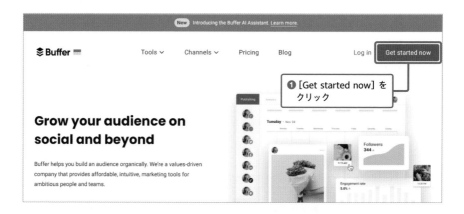

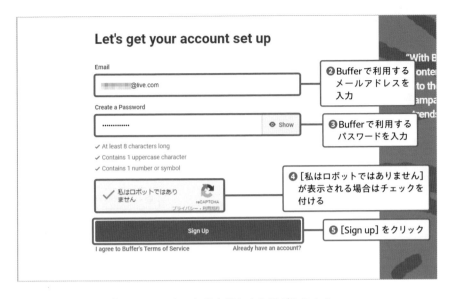

なお、Bufferのパスワードは次の条件を満たす必要があります。

- 8文字以上
- 大文字のアルファベットが1文字以上含まれる
- 数字または記号が1文字以上含まれる

　続いてBufferの利用方法を問われる画面に遷移しますが、ここでは選択を行う必要はとくにないので、[Skip selection]をクリックして先に進みます。

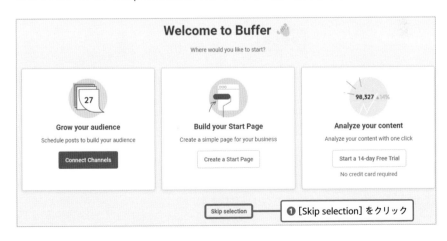

ここまででアカウントの作成は完了です。アカウントの作成が完了すると、利用者認証のためのメールが送信されます。メールを開いて［Confirm Email］をクリックし、認証を完了させてください。

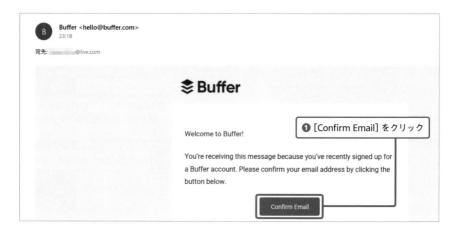

Channelの設定を行う

　次にBufferと各種SNSを連携していきましょう。Bufferでは、投稿するSNSの設定を**Channel（チャンネル）**と呼びます。このChannelを登録すると、任意の投稿をそれらChannelに投稿できるようになります（無料アカウントでは3Channelまで利用可能です）。

BufferによるSNS投稿のイメージ

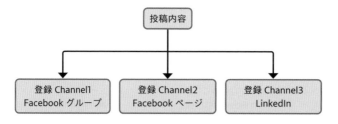

　Channelを登録するには、画面右上の利用者アイコンをクリックして表示されるメニューより［Channels］をクリックするか、画面左下のチュートリアルにある［Connect your first channel］をクリックします。

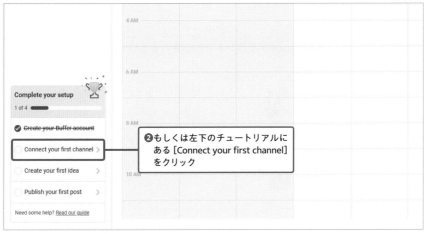

■ 各種SNSを接続する

　次に、接続するSNSを選択します。本書では例として、筆者が作成している
Facebookテストページに接続する流れを解説します。Facebookのアカウントを持っ
ていない場合は、FacebookのWebサイトからユーザー登録をしておいてください。

● Facebookのアカウント作成
　https://ja-jp.facebook.com

またアカウントを作成したら、以下より、Facebookページを作成しておいてください。

● Facebookページの作成
https://www.facebook.com/pages/create/

なお、第三者が作成したFacebookページを使用する場合、自分に管理者権限があるかどうかを確認しておいてください。管理者権限がないページにはBufferからの投稿はできません。

 作成したばかりのFacebookアカウントはBufferに接続できない

迷惑行為防止などのため、Facebookアカウントは作成後1時間の間、ほかのアプリケーションに接続することができません。

作成したばかりのFacebookアカウントで表示されるエラー

ログインできません

新規アカウントでのアプリへのログインには60分の遅延時間が設定されています。1時間後にもう一度実行してください。

 OK

Facebookアカウントを持っておらず、本chapterのプログラムを実行するためにFacebookアカウントを作成された方は、1時間ほど待ってから本chapterを読み進めてください。なおBufferは、YouTubeやInstagramなど、そのほかのSNSを利用することも可能です。

■ Facebookアカウントの接続

それではまず、BufferにFacebookアカウントを接続し、BufferからFacebookの機能を利用できるようにします。

Channel一覧からFacebookを探し、[Connect]をクリックします。

次に、投稿先がグループなのかページなのかを選択します。今回は Facebook Page を選択します。

次に Buffer から Facebook の機能を利用するために、2 つのサービスを接続する処理が始まります。Facebook に登録したメールアドレスおよびパスワードを入力してログインを行ってください。

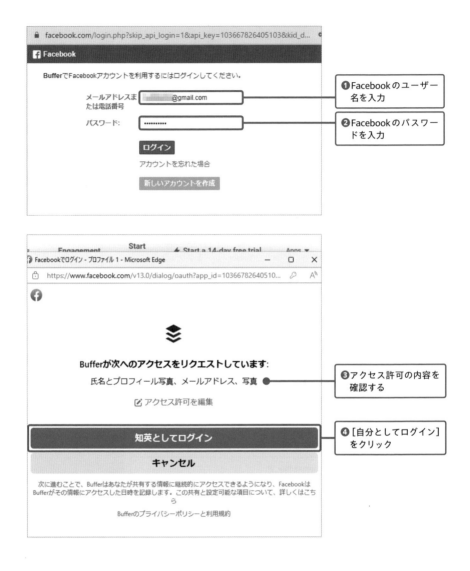

❶Facebookのユーザー名を入力

❷Facebookのパスワードを入力

❸アクセス許可の内容を確認する

❹[自分としてログイン]をクリック

　場合によっては、その直後に次の画面も表示される場合があります。その際も変わらずに［次へ］をクリックして進めます。

次に投稿先のページを選択します。

COLUMN Facebookページが見つからずエラーが出る場合

この時点でFacebookアカウントにページが1つも作成されていない場合、次のような画面が表示されます。

Facebookページが作成されていない

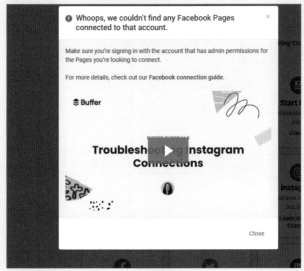

その場合は、P.174のURLでFacebookページを作成してからやり直してください。

すると、投稿先のページとして、選択したページが追加されます。これでページがChannelsに登録されました。

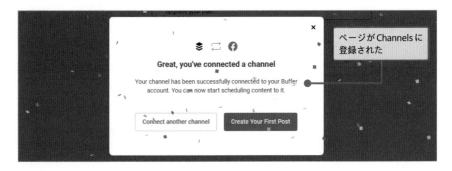

ページがChannelsに登録された

Power AutomateとBufferの接続

　次に、Power Automateに戻り、Power AutomateとBufferを接続します。まずは接続画面上部の［新しい接続］をクリックします。

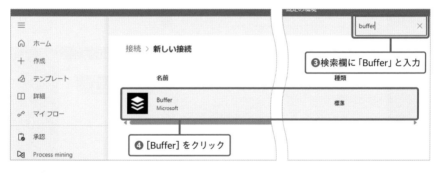

続いて、Bufferとの接続画面が表示されます。まずはBufferアカウント情報を入力して、サインインを行います（すでにWebブラウザの別タブなどでBufferにサインイン済みの場合、サインインの画面は表示されません）。

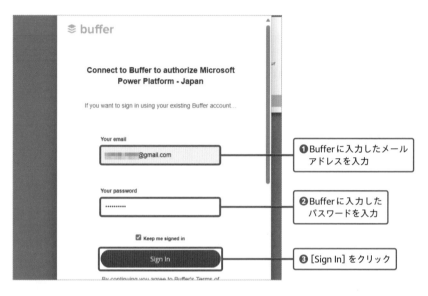

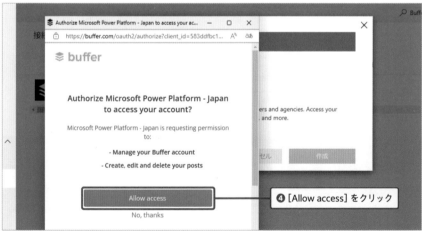

これで、Bufferが接続されました。

Buffer の接続が追加された

COLUMN **[Sign In]をクリックしても接続画面に遷移しない場合**

Bufferの状態により、[Sign In] をクリックしたあとも、接続処理の画面に遷移せずログイン画面に遷移してしまう場合があります。動作には問題ないので、そのまま再度ユーザー名とパスワードを入力してください。

Bufferにログインを行う

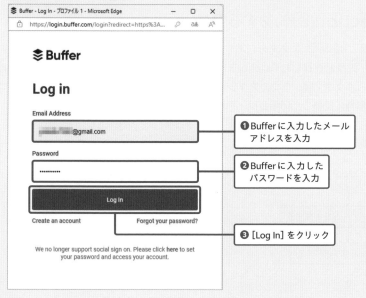

❶Buffer に入力したメールアドレスを入力

❷Buffer に入力したパスワードを入力

❸[Log In] をクリック

`SNS投稿` `BufferのChannel`

SNSを投稿する
フローを作成する

それではさっそく、Bufferのコネクタの使い方を説明しよう。

それを使えばSNSに投稿できるんですね。

そういうこと。使い方はスマートフォンの通知とそんなに変わらないよ。

▍本sectionで作成するフロー

　ここでは、**Bufferコネクタ**を利用してSNSに投稿するフローを作成していきます。本書では、先ほど登録したFacebookページへの投稿を行います。Power AutomateのBufferコネクタでは、1つのアクションにつき1つのSNSに投稿を行います。複数のSNSに同時に投稿したい場合は、アクションを増やす必要があります。

フローの概要

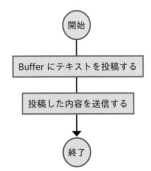

フローの実行結果

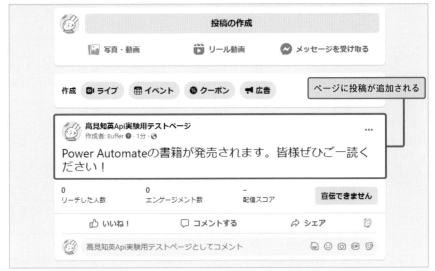

フローを作成する

　それではさっそくフローを作っていきましょう。次の設定でインスタントクラウドフローを作成してください。

作成するフローの設定値

設定内容	設定値
フロー名	SNSへの投稿
このフローをトリガーする方法を選択します	手動でフローをトリガーします

Bufferに投稿を作成する

　[新しいステップ] をクリックして、標準分類の**Bufferコネクタ**における、**更新を作成するアクション**をクリックします。

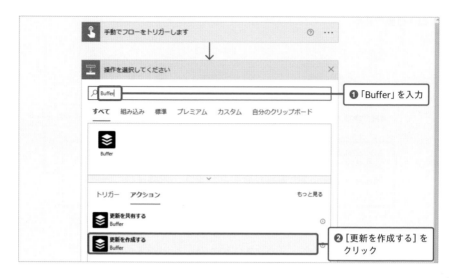

❶「Buffer」を入力

❷ [更新を作成する] を
クリック

　次にこのアクションに値を設定します。ここでは投稿先と投稿する文章を指定します。

更新を作成するアクションの設定値

設定内容	設定値	値の設定方法
プロファイルID	P.177でBufferに設定したページ	リストから選択
テキスト	Power Automateの書籍が発売されます。皆様ぜひご一読ください！	直接入力

　[プロファイルID] で選択するプロファイルは、事前にBufferでChannelとして登録したものが表示されます（P.177参照）。[プロファイルID] の一覧に目的のプロファイルが見当たらない場合は、BufferにChannelが登録されているかどうかもう一度確認してみてください。

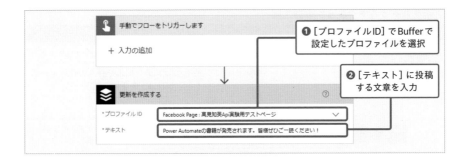

Bufferの投稿を共有する

　ここまでで、投稿はBufferに追加されました。追加された投稿はBufferのサービスに登録され、あらかじめ指定した次のタイミングで投稿されます。ただし、この時点ですぐに投稿することも可能です。今回はサービスに登録された投稿をそのまま投稿してみましょう。

　[新しいステップ]をクリックして、標準分類のBufferコネクタを選択し、更新を共有するアクションをクリックします。

　次にこのアクションに値を設定します。ここでは投稿先と投稿内容を設定します。

5
S
N
S
に
自
動
投
稿
し
よ
う

更新を共有するアクションの設定値

設定内容	設定値	値の設定方法
プロファイルID	P.177でBufferに設定したページ	リストから選択
更新ID	ID	動的なコンテンツより挿入（更新を作成するアクションの更新のID）

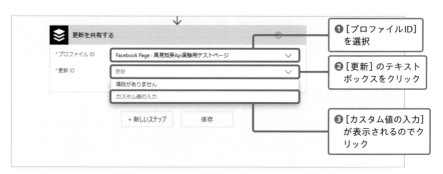

❶ [プロファイルID] を選択

❷ [更新] のテキストボックスをクリック

❸ [カスタム値の入力] が表示されるのでクリック

❹ [ID] をクリック（更新を作成するアクションの更新ID）

　更新を作成するアクションでは複数の投稿IDが生成される可能性があるため、ブロックが自動的に拡張されApply to eachブロックが追加されます。

ここまででフローは完成です。

テスト実行する

ここまでできたら、フローを実行してみましょう。フロー画面右上の［テスト］をクリックして、テスト実行します。するとテスト実行が開始され、Bufferからテキストが直ちに投稿されます。結果はSNSのページで確認してください。

COLUMN Bufferからの投稿タイミングは変更可能

Bufferは SNS に投稿する文章を保存し、あらかじめユーザーの指定したタイミングで投稿を共有できるサービスです。Buffer でタイミングを設定している場合、Buffer に保存した投稿は、次のタイミングで順番に投稿されます。

たとえば以下の設定の場合、毎朝11時39分と、15時34分に配信されるようになっています。

Bufferの投稿タイミング設定

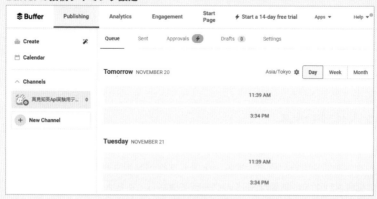

この投稿のタイミングは、Bufferの設定で自由に追加・変更することができます。自社SNSの視聴層や、閲覧のタイミングにあわせて自由に設定しておくとよいでしょう。

とくにブログやほかのサービスとの連動を行った場合など、投稿自体をPower Automateの画面で作成しない運用をすることもあると思います。その場合は、Power Automateでは投稿を作成するだけで共有を行わないようにすることによって、予期しない投稿が行われそうになったらキャンセルすることもできます。

とくにフローを作成した直後などは、予期しない内容を投稿してしまう危険があります。そのような事態にある程度対策を行うことができるので、自社の運用に合わせてフローを作成するようにしてください。

コネクタの組み合わせ例　RSSとSNS

さまざまなWebサービスと連携する

SNSだけでなく、Power AutomateはいろいろなWebサービスやコンテンツと連携することができるんだ。

なるほど、たとえばどのようなものでしょうか？

たとえばRSSを提供しているサービスなどだね。簡単に説明をしていきましょう。

RSSと連動したフロー

　RSSを取得して処理をするフローを作成する方法はchapter4でも解説しました。これと同じ方法で、Power Automateでは、ほかのWebサービスのコネクタとSNSへの通知などをあわせることで、以下のようなフローが作成可能になります。

- RSSが更新されたらSNSに通知を行う
- RSSが更新されたら、SlackやMicrosoft Teamsなどの社内サービスに通知を行う

本sectionで作成するフロー

　ここでは、RSS（P.145参照）が更新されたらSNSに通知を行うというフローを通して、RSSのトリガーと、Bufferのアクションの使い方を把握していきましょう。

フローの概要

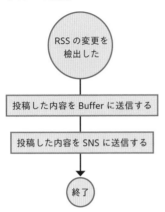

```
    RSS の変更を
    検出した
        │
        ▼
投稿した内容を Buffer に送信する
        │
        ▼
投稿した内容を SNS に送信する
        │
        ▼
      終了
```

フローの実行結果例

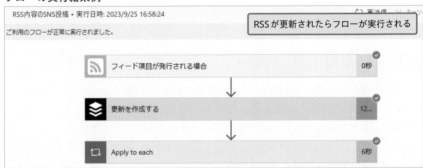

RSS内容のSNS投稿・実行日時: 2023/9/25 16:58:24

ご利用のフローが正常に実行されました。

> RSS が更新されたらフローが実行される

📶	フィード項目が発行される場合	0秒 ✓
≋	更新を作成する	12... ✓
⟲	Apply to each	6秒 ✓

本フロー実行中にRSSの変更が検出されたら、以下のような実行結果が得られます。

高見知英Api実験用テストページ
1分・🌐

窓の杜の記事を更新しました。
「Windows 11 バージョン 22H2」に150以上もの新機能、4度目の大型更新が今週実施／「Copilot in Windows」を搭載、OS標準アプリも大幅に強化：

> Facebook ページに投稿される

ここからは、RSSの更新を検出したらSNSへ通知を行うフローを紹介するよ。ただ、窓の杜は土日祝日のほか、不定期に休刊の日があり、かつRSSの更新がいつかかるかは明確ではないので、タイミングによっては、RSSの更新を待機するだけでその先に進まない可能性があるよ。

うーん。そうなんですね？

だから、本フローは参考までに紹介するよ。たとえば自分のブログサイトの更新を検知したいといった場合は、自分のブログサイトのRSSに設定し直すとかして活用してみてね。

フローを作成する

　フローの作成方法を紹介します。フローの作成画面の［自動化したクラウドフロー］より、フィード項目が発行される場合というトリガーを選択し、次の内容でフローを作成します。

作成するフローの設定値

設定内容	設定値
フロー名	RSS内容のSNS投稿
フローのトリガーを選択してください	フィード項目が発行される場合（RSS）

5
S
N
S
に
自
動
投
稿
し
よ
う

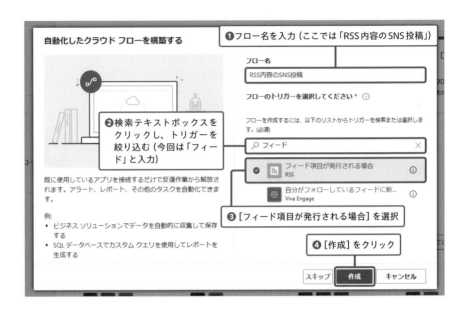

このようにすると、フィード項目が発行されたときに自動的に呼び出されるフローを作成できます。どのフィードを確認するかはここから指定していきます。

RSSの情報を取得する

次に Power Automate から取得する RSS の情報を入力しましょう。RSS は chapter4 でも使った窓の杜の RSS です。

アクションの設定値

設定項目	設定値	値の設定方法
RSS フィードの URL	https://forest.watch.impress.co.jp/data/rss/1.0/wf/feed.rdf ※窓の杜 RSS フィードの URL	直接入力
選択したプロパティを使用して新しいアイテムを判断します	PublishDate	変更しない

❶表の内容に沿って設定

RSSの情報をBufferに投稿する

取得したRSSの情報をBufferに投稿します。[新しいステップ]より、標準分類の Bufferコネクタを選択し、更新を作成するアクションをクリックします。

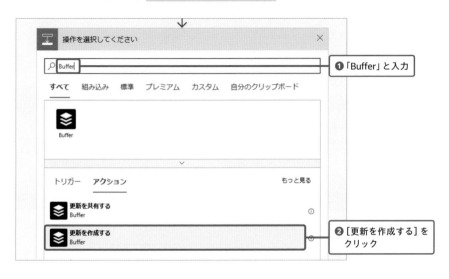

次にこのアクションに値を設定します。ここでは投稿先と投稿する文章を指定します。

RSSの情報を取得するアクションの設定値

設定内容	設定値	値の設定方法
プロファイルID	P.177でBufferに設定したページ	リストから選択
テキスト	窓の杜の記事を更新しました。[フィードタイトル][プライマリフィードリンク]	フィードタイトルとプライマリフィードリンクは、動的なコンテンツより挿入

5
S
N
S
に
自
動
投
稿
し
よ
う

Bufferの投稿を共有する

次に、投稿を共有します。[新しいステップ] より、標準分類のBuffer コネクタを選択し、**更新を共有するアクション**を作成しましょう。

このアクションに値を設定します。ここでは投稿先と投稿内容を設定します。

更新を共有するアクションの設定値

設定内容	設定値	値の設定方法
プロファイル ID	P.177 でBufferに設定したページ	リストから選択
更新ID	[ID]	動的なコンテンツより挿入（更新を作成するアクションの更新のID）

更新を作成するアクションでは複数の投稿IDが生成される可能性があるため、自動的にApply to each ブロックが作成されますが、操作方法は変わりありません。

❶［更新を共有する］をクリックすると、設定内容が確認できる

テスト実行する

ここまでできたら、フローを実行してみましょう。するとテスト実行が開始され、Power Automate が RSS の更新を待機します。

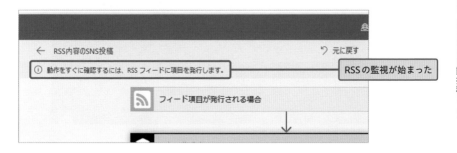

RSS の監視が始まった

今回の場合は、このまましばらく RSS の更新を待ちます。RSS が更新されると、フローが実行されその結果が表示されます。

Facebookページのほうにも記事が投稿されていることが確認できました。

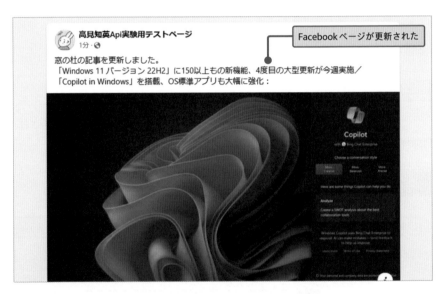

 このように、Power Automateでは、さまざまなWebサービスと連携したフローを作成できるよ。自分でフローを作成する際の参考にしてみてね。

chapter 6

タスクとスケジュール
を管理しよう

タスク管理ツール

タスク管理ツールを操作するには

Power Automateでやってみたいことがあるんですが……。

 はいはい、何かな?

Power Automateで業務のリマインダーを設定したいのです。

 タスク管理サービスにある機能じゃだめなの?

繰り返しのタスク指定が業務のパターンとどうしても合わなくて。「3週間ごと」とか、「第2第4週ごと」といったルールで設定したいんです。

 なるほどね。Power Automateには、Google TasksやMicrosoft To Doなどのタスクリストサービスや、Googleカレンダーなどスケジュール管理を行うサービスのコネクタがあるよ。これらを使えば、それぞれのツールより柔軟なスケジュールの設定が可能じゃないかな。

ぜひ教えてください!

 chapter 6で学ぶこと

・Google Tasksにタスクを登録するフローの作成
・スケジュールに沿ったタスクの投稿
・Googeカレンダーに予定を登録するフローの作成

Google Tasks　　タスク登録

Google Tasksに
タスクを登録する

まずはPower Automateにあるタスク管理ツールのコネ
クタを見ていこう。コネクタにはいくつか種類があるよ。

いろいろなサービスに対応してるんですね！

タスク管理ツールとは

　ここで紹介する**タスク管理ツール**とは、Google Tasks や Toodledo など、インター
ネット上で自分のやるべきことをメモし、管理できるツールを指します。これらのツー
ルを使うことで、日々やるべきことを忘れることなく、確実に実行することができます。
　そのほか他者とリストを共有することによって、複数人でタスクを共有し、その進
捗状況や担当者を管理することが容易になります。

■ Power Automate のタスク管理ツールコネクタ

　Power Automateには、タスク管理ツールと連動することができるコネクタが複数
存在します。以下はその一例です。

● Microsoft To Do
● Google Tasks
● Toodledo
● Todoist（2023年11月時点では、コネクタのアクションが正しく実行されない問題
　が発生しています）

　本書ではGoogle Tasksのコネクタを利用した例を紹介しますが、ほかのコネクタで
も同じようなフローを実現することができます。

自分が使っているサービスのコネクタがないか、検索し
てみることをおすすめするよ。

Google Tasksとの接続を作成する

　Power Automate と Google Tasks を接続します。接続画面（P.93参照）を表示して、画面上部の［新しい接続］をクリックします。

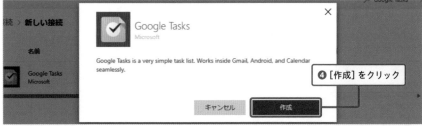

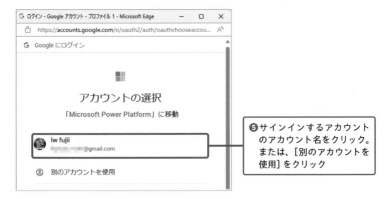

❺サインインするアカウント
のアカウント名をクリック。
または、[別のアカウントを
使用]をクリック

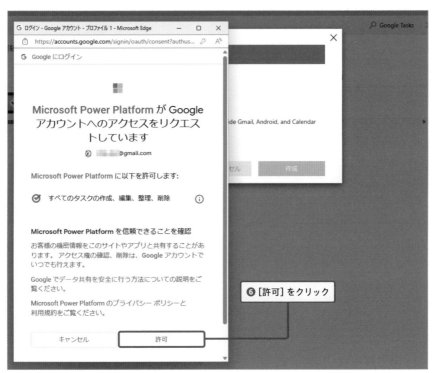

❻[許可]をクリック

これで、Google Tasks が接続されました。

まずは Google Tasks のコネクタを利用して、Google Tasks に単純なタスクを追加するフローを作成してみましょう。

フローの概要

フローの実行結果

　今回のフローは非常に単純なもので、実行すると Google Tasks に決まった名前のタスクを登録し、終了します。このタスクの作り方がわかれば、アクションの設定値を変更して、自分の好きなタスクを Google Tasks に追加できるようになります。

タスクの登録フローを作成する

　それではさっそくフローを作っていきましょう。次の設定でインスタントクラウドフローを作成してください。

作成するフローの設定値

設定内容	設定値
フロー名	タスクの登録
このフローをトリガーする方法を選択します	手動でフローをトリガーします

Google Tasksにタスクを追加する

　次に、Google Tasks にタスクを追加します。[新しいステップ]をクリックして、標準分類の Google Tasks コネクタを選択し、**タスク リストにタスクを作成アクション**をクリックします。

次にこのアクションに値を設定します。ここでは登録するタスクリスト名とタスクのタイトルを指定します。

タスクを作成アクションの設定値

設定内容	設定値	値の設定方法
タスクリストID	マイタスク	リストから選択
タイトル	資料の作成	直接入力
メモ	未入力	-

なお、[マイタスク] という項目名は、お使いの Google アカウントを作成したタイミングによって別の名前になっている場合があります (「デフォルトリスト」など)。その場合、[マイタスク] という項目名をそれぞれの項目名に読み替えて進めてください。

COLUMN タスク登録時の入力項目は、タスク管理サービスによって異なる

タスクを登録するときに必要な入力項目は、タスク管理サービスによって、大きく異なります。期日やリマインダーの日時など設定できるサービスや、優先度の設定を行うことができるサービスなどがあります。

Microsoft To Do の To Do を追加するアクション

Toodledo のタスクの作成アクション

タスクの作成 ⑦ ⋯

タイトル	タスクの名前を表す文字列。最大 255 文字です。
フォルダー ID	フォルダーの ID 番号。タスクをフォルダーに割り当てないままにするに ∨
優先度	タスクの優先度を表す整数。
メモ	長さが最大 32,000 バイトのテキスト文字列。改行は、として送信する必要が

詳細オプションを表示する ∨

別のタスク管理サービスを使用してフローを作りたい場合は、適宜読み替えてください。

テスト実行する

　ここまでできたら、フローを実行してみましょう。画面右上の［テスト］をクリックしてテスト実行します。するとテスト実行が開始され、Google Tasks にタスクが登録されます。

　Google カレンダーを開き、［ToDo リスト］をクリックすると、タスクが追加されていることが確認できます。

❶［ToDo リスト］をクリック

先ほど登録したタスクが追加されている

　これでこのフローは完成です。トリガーを「繰り返し」など、定期的にフローを実行できるようなトリガーに変更すると、定期的にタスクを追加できるようになります。この方法については、次の section で解説しましょう。

section 03

スケジュール済みクラウドフロー　定期実行

定期的にタスクの追加を実行する

Power Automateからタスクリストに項目を追加する方法はわかったかな？

はい、わかりました。ただ、これだとフローを手動で実行してタスクを追加するだけなので、あまり便利ではないですよね。

そうだね。次は定期的にタスクを追加する方法を説明しよう。

繰り返しのタスクとは

　多くのタスク管理サービスには繰り返し機能があり、毎日、1週間ごと、毎月などといった決まったパターンでのタスク登録も行えるようになっています。

繰り返しタスクの追加

　Power Automateを使えば、それ以外のパターンや、毎回内容が変わるタスクを追加することも可能になります。今回はその中の1つの例として、「毎月1回、翌月の名前が含まれたタスク」を追加する例を確認してみましょう。

フローの概要

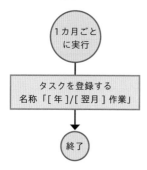

繰り返しタスクの登録フローを作成する

それではさっそくフローを作っていきましょう。今回はフローを定期的に実行するため、**スケジュール済みクラウドフロー**を利用します。スケジュール済みクラウドフローとは、曜日や時刻などを指定して、定期的に実行されるフローを作成できる機能です。作成画面からスケジュール済みクラウド フローを選択してください。

スケジュール済みクラウドフローの設定値は次の通りです。

作成するフローの設定値

設定内容	設定値
フロー名	タスクの定期登録
このフローを実行する - 開始日	本日、時間は、フロー作成日時にあわせて任意
このフローを実行する - 繰り返し間隔	1カ月

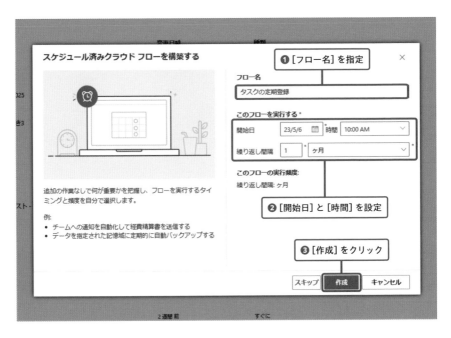

すると、スケジュール実行されるフローが作成されます。

タスクを登録する

　今回のフローでは、作成するタスクの名前に毎回変更される値（動的なコンテンツ）を含めることによって、毎回異なる名前のタスクが作成されるようにします。

　標準分類のGoogle Tasksコネクタを選択し、**タスク リストにタスクを作成アクション**をクリックします。そして、登録するタスクリスト名とタスクのタイトルを指定します。

6

タスクとスケジュールを管理しよう

タスク リストにタスクを作成アクションの設定値

設定内容	設定値	値の設定方法
タスクリスト ID	マイタスク	リストから選択
タイトル	formatDateTime(addDays(formatDateTime(convertFromUtc(utcNow(), 'Tokyo Standard Time'), 'yyyy/MM/01'), 31), 'yyyy/MM') 作業	数式を入力後、「作業」を追加
メモ	未入力	-

❶ [タスクリスト ID] を設定

❷ [タイトル] に数式と「作業」というテキストを追加

このタイトルの設定によって、毎回違う名前のタスクを自動的に生成することができるんだ。

それって、どういうときに効果的なのでしょうか？

たとえば「翌月の広報記事原稿を作成する」タスクを毎月追加した場合、同じ名前のタスクがいくつもできてしまって紛らわしいよね。実行する時期をタスク名に明記しておけば、いつ向けの広報記事を作成するのかが明確になるんだ。

なるほど！　確かにわかりやすいですね。

タスクの対象時期を明示する

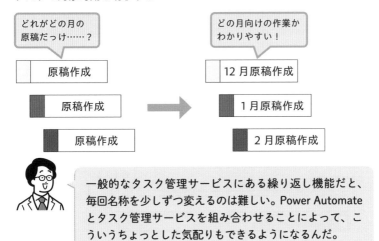

[タイトル] に入力する数式を確認してみましょう。この数式ではフロー実行時点の時刻を取得し、それを日本標準時に変換後、その月の1日の日付を取得しています。そして1日より31日後（翌月）の日付より、年と月をタスクのタイトルとして取得しています。

数式の処理

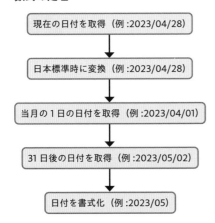

このフローで必要としているのは翌月の年と月の値ですが、**Power Automateには翌月の日付を取得するという関数は存在しません。** そのため31日後の日付を取得する

という処理により、翌月の日付を取得しています。

　ただし、このフローを実行した日付が1月31日などの月末であった場合、31日後が翌々月になってしまう場合があります。そこで、一度その月の1日の日付を取得後、そこから31日後の日付を取得することで、翌月の日時を取得しています。

翌月の日付を取得

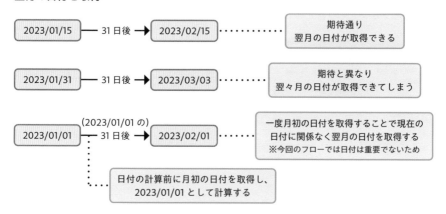

テスト実行する

　ここまでできたらさっそくフローを実行してみましょう。スケジュール済みクラウドフローの場合も、テスト実行の方法は変わりません。画面右上の［テスト］をクリックして実行します。

　すると、ほどなくフローが実行され、タスクがGoogle Tasksに追加されます。

定期実行の有効／無効

　フローのテスト実行が終了した時点で、**フローは自動的に実行されるように設定**されています。フローの有効／無効は、フローの詳細画面で切り替えられます。

　フローが有効かどうかは、フローの詳細画面（P.31参照）の状況欄で確認できます。メニュー右側にある［オフにする］または［オンにする］のボタンをクリックして、フローのオンオフを切り替えることが可能です。

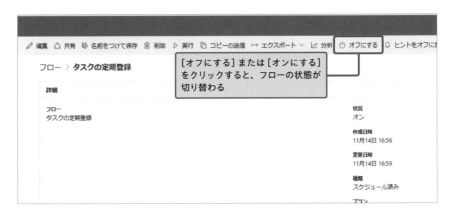

［オフにする］または［オンにする］
をクリックすると、フローの状態が
切り替わる

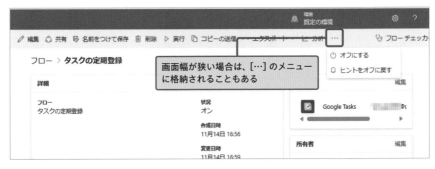

画面幅が狭い場合は、［…］のメニュー
に格納されることもある

　［オフにする］と表示されている場合は、フローは有効です。［オフにする］をクリックすることでフローが無効になります。

> フローに問題がある場合、自動的に無効になることもあるよ。

　もし、定期実行しているフローが一定の日数実行されなかったり、エラーが頻発したりと、この状態でのフロー実行が難しいとシステムによって判定された場合は、自動的にフローがオフになります（P.131 参照）。

　フローをオフにしたことがないのにフローの実行が行われない場合は、この設定を確認してみましょう。

■ 繰り返し設定

　フローが有効な場合、このフローは1カ月ごとに繰り返し実行されます。実行されるのは開始日に指定した日時から数えて1カ月後。たとえば5月10日午前10時ちょうどを開始日に設定した場合、次に実行されるのは6月10日午前10時ちょうどとなります。

繰り返しタスクの実行間隔

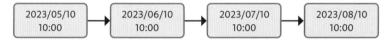

2023/05/10 10:00 → 2023/06/10 10:00 → 2023/07/10 10:00 → 2023/08/10 10:00

　それぞれのタスク管理サービスにはない、毎月第2, 第4週などの曜日指定で繰り返す作業や、日付が当日の曜日によってずれることがある作業などといった不定期の予定にも対応することができます。

COLUMN　さらにさまざまな手法でタスクを追加する

Power Automateを使えば、そのほかの出来事をきっかけにして、タスクを作成することも可能です。たとえば特定の内容のメールが到着したときや、Webサイトなどの情報が更新されたときなど、トリガーとなる事象を変えることで、タスク管理ツール単独では指定できないさまざまな手法でタスクを追加することができます。

6 タスクとスケジュールを管理しよう

Googleカレンダー   日時の書式設定

カレンダーに
予定を登録する

次は同じくGoogleのサービスである、Googleカレンダー
に予定を登録するフローを作成しよう。

Web上のカレンダーに予定を登録し、関係者に公開して
おくことで、予定の調整がしやすくなりますね。

WebカレンダーとPower Automate

　Power Automateには、Googleカレンダーや、Microsoft Outlookカレンダーに
データを送信するためのコネクタも存在します。このコネクタを使うと、カレンダー
に予定を登録したり、カレンダーの情報をPower Automate上で使用したりといった
ことが可能になります。

　メールからの予定登録のみであれば、最近のメールソフトの標準機能でも、予定登
録は行えます。ただし、Power Automateを使った場合、それらの機能だけでは実現
できない、次のようなメリットがあります。

- カレンダーアプリとメール環境の組み合わせに依存しない予定の登録が行える。
- 一度に複数人のカレンダーを操作できるため、同じ予定を複数カレンダーに転記す
  るなどといったことが可能。
- 同時にMicrosoft Teamsへの投稿や議事録ファイルの作成など、Power Automate
  で実現可能なさまざまなアクションを組み合わせて実行できる。

　今回は、次のようなメールの文章から、カレンダーに予定を登録するフローを作っ
てみましょう。

- 表題：「会議予定：定例会議」
- 本文：「次回会議日程についてのお知らせです。　予定日時：2023/05/10 13:15 よろ
  しくお願いします。」

　定期的にミーティングの依頼メールが来る場合などは、このようなフローを作って
おくとよいでしょう。

受け入れるメールとカレンダー内容のイメージ

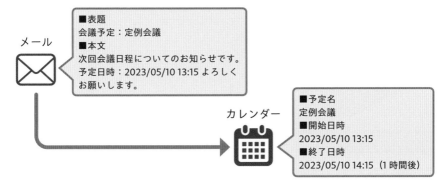

フローの実行結果例

COLUMN　メールを扱うさまざまなコネクタで同様の処理は可能

メールを受信したときにフローを実行するというトリガーを持つコネクタは、複数あり
ます。

・Gmail

・Outlook.com

・Office 365 Outlook（Microsoft 365 Business）

ここではOutlook.comのコネクタを使った例を紹介しますが、同様のことはGmailや
Microsoft Office 365 Outlookでも利用可能です。それらのコネクタを使ってフローを作
成する場合は、適宜操作を読み替えてみてください。

本 section で作成するフローは、次のようになります。

フローの概要

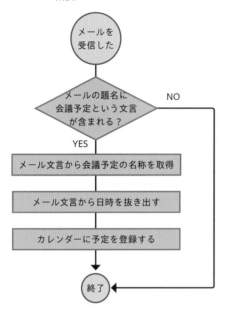

Power Automate で特定の文章から部分文字列を抜き出す際には、次の図に示す日時表現の開始地点と終了地点を検出する必要があります。

メール文言からの日付表現抜き出し処理

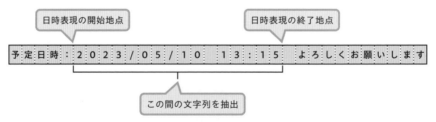

Power AutomateとGoogleカレンダーに接続する

フロー作成の前に、まずはGoogleカレンダーへの接続を行います。今までのGoogle Tasksなどのコネクタと接続する場合とやり方は基本的に同じなので、特記事

項はありません。Microsoftのサービスを含む、ほとんどのインターネットサービスの機能を用いるコネクタでは、基本的に接続を作成する作業が必要になります。

　サイドバーから接続画面を表示し、[新しい接続]をクリックしてGoogleカレンダーの接続を追加します。

カレンダーへの予定登録フローを作成する

　それではいよいよフロー作成に入っていきましょう。今回は自動化したクラウドフロー（P.134参照）を使って、フローの作成を開始します。

　自動化したクラウドフローの設定値は次の通りです。

作成するフローの設定値

設定内容	設定値
フロー名	メールによる予定作成のテスト
フローのトリガーを選択してください	新しいメールが届いたとき（Outlook.com）

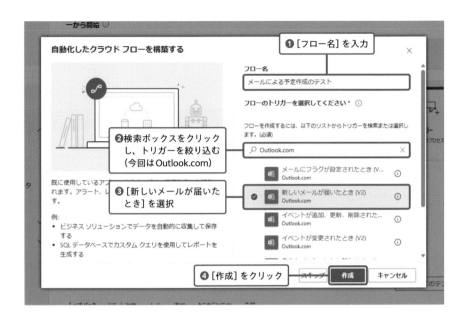

3つの変数に予定名称、予定日時、終了時間を設定する

　まずは、変数を初期化するアクションを追加して、このフローで使用する変数を初期化しましょう。ここで使用する変数は「予定名称」「予定日時」「終了日時」の3つです。変数の [名前] と [種類] を指定し、[値] は未入力のままとしてください。

予定名称変数の設定値

入力箇所	設定値	値の設定方法
名前	予定名称	直接入力
種類	文字列	リストから選択
値	未入力	-

予定日時変数の設定値

入力箇所	設定値	値の設定方法
名前	予定日時	直接入力
種類	文字列	リストから選択
値	未入力	-

終了日時変数の設定値

入力箇所	設定値	値の設定方法
名前	終了日時	直接入力
種類	文字列	リストから選択
値	未入力	-

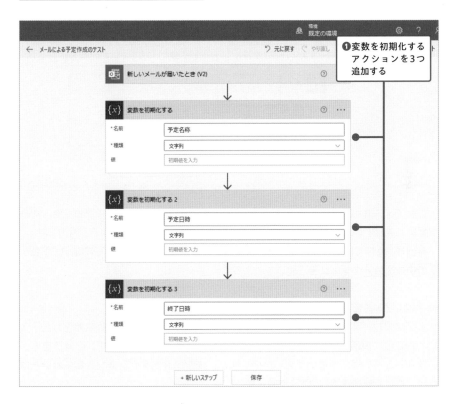

❶変数を初期化する
アクションを3つ
追加する

件名による条件分岐

　次に、件名による条件分岐処理を行っていきましょう。ここでは、条件ブロックを用いて、メールタイトルに特定の文言が含まれているかどうかを確認します。組み込み分類のコントロールコネクタを選択し、中から条件分岐アクションを選択します。

　分岐の条件には、次の値を設定してください。

条件の設定値

設定内容	設定値	値の設定方法
左のテキストボックス	[件名]	動的なコンテンツより挿入
コンボボックス	次のもので始まる	リストから選択
右のテキストボックス	会議予定	直接入力

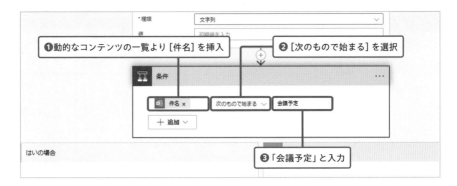

これでメールの件名が「会議予定」から始まるときは「はいの場合」ブロック、そうでないときは「いいえの場合」ブロック内のアクションが実行されるようになります。

今回は、条件に該当しなかったときは何も処理を行わないので、「はいの場合」ブロックの中に次のアクションを追加していきます。

■「はいの場合」ブロックの処理①〜会議予定名称の取得

まずはカレンダーに登録する会議予定の名称を取得し、あらかじめ初期化した、予定名称変数に会議予定の名称を設定します。いちいち変数に記憶せず、会議予定名が必要なところに関数を書いてもいいのですが、**変数の設定アクションにしておいたほうが、あとで動作確認しやすくなります。**

「はいの場合」ブロック内の [アクションの追加] をクリックして、組み込み分類の変数コネクタにある、変数の設定アクションを選択し、次の値を指定します。

予定名称変数の設定値

入力箇所	設定値	値の設定方法
名前	予定名称	動的なコンテンツより挿入
値	slice(triggerOutputs()?['body/Subject'], add(indexOf(triggerOutputs()?['body/Subject'], '：'), 1))	数式として入力

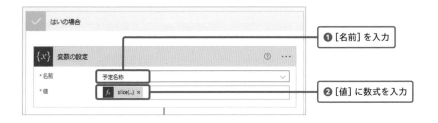

　[値] に入れる式の内容も確認しましょう。この式では、メールのタイトルからコロン（：）以降の文字列を切り出しています。切り出しの開始位置は**indexOf 関数**にてコロンを検索し、見つかった位置の1文字後の値を取得して、変数に設定しています。

　実際に切り出し処理を行うのは**slice 関数**です。この関数は第2引数に切り出しの開始位置、第3引数を指定した場合に切り出しの終了位置を指定します。今回は第3引数を指定していませんので、切り出し範囲は文字列の最後までとなります。

式の実行イメージ

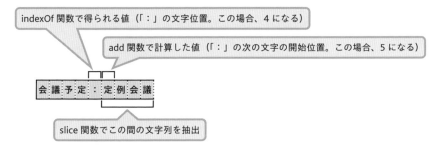

■「はいの場合」ブロックの処理②〜予定日時の抜き出し

　次は予定日時の抜き出しです。今回は、あらかじめ初期化した予定日時変数に、メールの内容から抽出した日時を設定します。

　先ほど追加した変数の設定アクションに続けて、「はいの場合」ブロック内に変数の設定アクションを追加します。設定値は次の通りです。

予定日時変数の設定値

入力箇所	設定値	値の設定方法
名前	予定日時	動的なコンテンツより挿入
値	parseDateTime(slice(triggerOutputs()?['body/BodyPreview'], add(indexOf(triggerOutputs()?['body/BodyPreview'], '予定日時：'), 5), add(indexOf(triggerOutputs()?['body/BodyPreview'], ':'), 3)), 'ja-JP', 'yyyy/MM/dd H:mm')+09:00	数式として入力後「+09:00」というテキストを追加

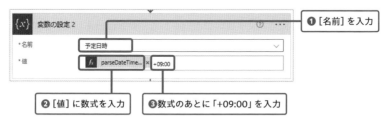

❶ [名前] を入力

❷ [値] に数式を入力   ❸ 数式のあとに「+09:00」を入力

[値] の「+09:00」は数式ではなくテキストで追加する点に注意してね。あと「予定日時：」の「：」は全角だけど、そのあとのadd関数で指定する「:」は半角で指定してね。

わかりました。でも、式がなんだか複雑ですね。

そうだね。詳細を説明しておこう。

　式の内容も確認していきましょう。この式では、メールの**本文プレビュー**から、「予定日時：」で始まる文字列を検索し、そのあとを始点として、次の半角コロン (:) が登場するところまでの文字列を切り出しています。

　なぜ本文でなく本文プレビューを参照するかというと、本文にはHTMLのタグと呼ばれる情報が含まれている場合があり、期待通りの文言が取得できないことがあるためです。本文ではなく、本文プレビューを使うことで、タグを取り除く処理を省略できます。

　切り出しの開始位置は**indexOf関数**にて「予定日時：」という文言を検索し、見つかった位置の5文字後の値を取得、変数に設定しています。切り出しの終了位置はindexOf関数にて半角コロンが出てくる箇所を検索、その3文字後までとしています。この半角コロンは、時刻表記の区切り文字です。

　コロン自体は予定日時の直後にも出てきていますが、この文字は全角のため、今回は検索対象になりません。

式の実行イメージ

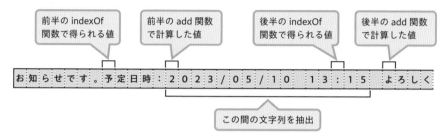

　算出できた日時は日本標準時を基準とした時刻ですが、タイムゾーンを指定した記述がないため、Power Automateは世界標準時の時刻だと認識してしまいます。そのため、関数の内容とは別に、「+09:00」という文字列を最後に追加することで、日本標準時の時刻であることを明示します。

■「はいの場合」ブロックの処理③〜終了日時の算出

　最後は終了日時の算出です。こちらは先ほど抽出した予定日時の1時間後です。「はいの場合」ブロック内に変数の設定アクションを追加します。設定値は次の通りです。

終了日時変数の設定値

入力箇所	設定値	値の設定方法
名前	終了日時	動的なコンテンツより挿入
値	addHours(variables('予定日時'), 1)	数式として入力

　式の内容も確認していきましょう。ここでは予定日時変数の値に1時間足した時刻を終了日時変数に設定しています。

　時刻の加算には、**addHours**関数を使用します。Power Automateにはそのほかにも、秒を加算する**addSeconds**や、分を加算する**addMinutes**、日付を加算する**addDays**という関数もあります。必要に応じて使い分けてください。

　これで3つの変数の設定ができました。

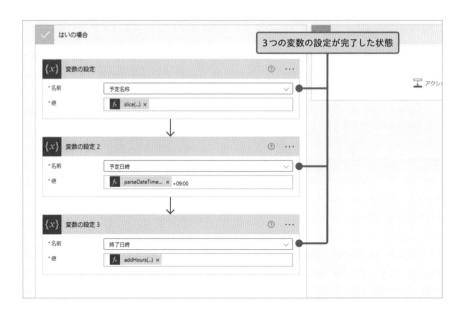

3つの変数の設定が完了した状態

カレンダーへの登録

ここまでできたら、あとはカレンダーに値を登録するだけです。[アクションの追加]をクリックして、標準分類の **Google Calendar** コネクタの、**イベントの作成アクション**をクリックします。またこのアクションも「はいの場合」ブロックの中に追加します。

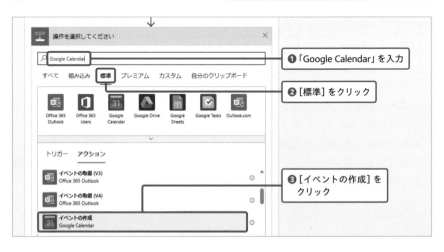

❶「Google Calendar」を入力

❷ [標準] をクリック

❸ [イベントの作成] をクリック

　次にこのアクションに値を設定します。ここでは登録する予定の名称と予定の日時および終了日時を指定します。

イベントの作成アクションの設定値

設定内容	設定値	値の設定方法
カレンダーID	接続の作成にて接続したアカウント名	リストから選択
開始時刻	予定日時	動的なコンテンツより挿入
終了時刻	終了日時	動的なコンテンツより挿入
タイトル	予定名称	動的なコンテンツより挿入
説明	未入力	-
場所	未入力	-
終日	未入力	-

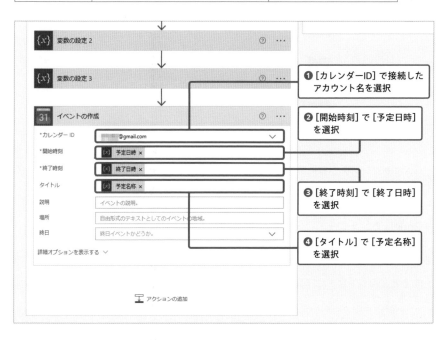

　これで、フローの作成が完了しました。なお今回は、条件に該当しなかったときは何も処理を行わないので、「いいえの場合」ブロックには何も設定を行いません。

テスト実行する

　ここまでできたら、フローを実行してみましょう。画面右上の[テスト]より、テスト実行します。メールの受信を待ち受ける状態になるので、**メールソフトを操作し、指定したメールアカウントにメールを送ってください。**

　メールを受信すると、フローが実行され、テストの結果が表示されます。

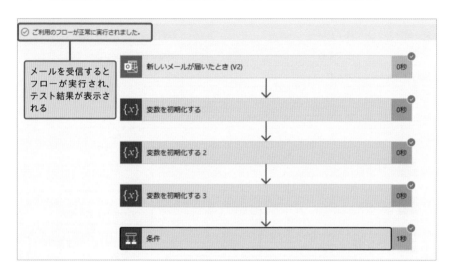

　Google カレンダーも見てみましょう。次のURLより Google カレンダーを表示してください。

● Google カレンダー
　https://calendar.google.com

　すると、カレンダーに予定が追加されていることが確認できます。

COLUMN　関数の実行結果を確認する

今回は関数の実行結果を1つずつ変数に格納しました。Power Automateでは、場面によって、処理の途中結果を見る手段がない場合があります。そのため、処理の内容を1つずつ変数に格納しておくことで、テスト結果の一覧から、それぞれの変数にどのような値が格納されたのかを確認できます。
確認するには、テスト結果に表示されている、変数の設定アクションをクリックします。

変数の値を確認する

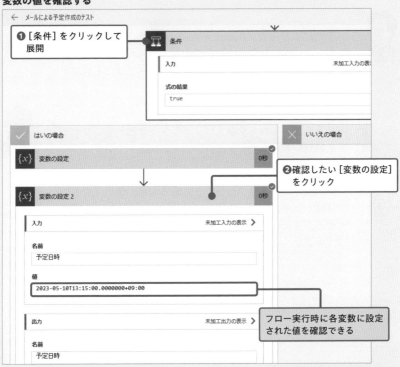

それぞれの変数の設定アクションを見ると、関数でどのような変換処理が行われているかを確認できます。カレンダーの設定値が予期した通りの値になっていないときは、ここを確認することで解決の糸口が見つかることがあります。

ここまでいろんなフローを作ってきたね。これらを参考に少し変更したり、組み合わせたりすることで、業務にあったフローを作っていくことができるんじゃないかな？

そうですね。具体的な利用例も多数見ることができましたし、応用もできそうです。

それはよかった。Power Automateにはこのほかにもさまざまな業務に使えるコネクタがあるんだ。コネクタの機能を組み合わせることで、新しいサービスにも対応することができるよ。

なるほど、それらを使えば、ここまでに触れてこなかった業務にも対応できるというわけですね。

その通り。コネクタはたくさんあるから、使い分けるのは難しいかと思うけど、Microsoftのドキュメントを読むなど、さまざまな方法で、業務にあったコネクタを探してみよう。

chapter 7

フローの効率的な
作成と運用

運用ポイント

Power Automateを効率よく使うために

ここまでで Power Automate の利用例を紹介してきたけど、いかがだったかな？

ありがとうございます。だいぶわかってきました。

それはよかった。じゃあ実際に業務で使っていけそうかな？

そういわれると、ちょっと不安ですね。エラーとか起きたらどうしたらいいのやら……。

それでは、最後に効率的な使い方やトラブル対策について説明していこう。いくつかのポイントをおさえておくだけで、問題の追及や修正がグッとやりやすくなるはずだよ。

それはいいですね、ぜひ知りたいです！

それではいくつか運用のポイントについてお話ししていこう。

 chapter 7 で学ぶこと

- ・フローチャートを書いて考える
- ・実行失敗への対処法
- ・変数の活用法
- ・チーム間でのフローの共有

フロー作成の準備　フローチャート

section 02 フローチャートで フローの流れを整理する

フロー作成の準備　フローチャート

> いきなりフローを作り始めるよりは、先にフローチャートを書いて流れを整理し、それを基にPower Automateのフローを作ることをおすすめするよ。いくつか実例を見ながら説明しよう。

フローチャートを書いて流れを理解する

　Power Automateのフローは、トリガーの実行から始まり、上から下へ順番にアクションを実行していきます。画面部品の操作だけで流れを記述できるとはいえ、必要に応じて判断や繰り返しなどの処理も行えるので、プログラミングに近い部分も多分に含まれます。

　1つのトリガーに1、2個のアクションしかない非常に単純なフローならともかく、アクションの多いフローを作る場合は、事前に処理の流れを把握しておくことが重要です。

　本書では、フローを紹介する場合に、まず大まかなフローチャートを掲載していますが、このように、作り慣れないフローを作る際は、まずはフローチャートなどで処理の流れをイメージとして捉えておくことをおすすめします。

> プログラミングと聞くと、どうしても身構えてしまいますね……。

> Power Automateのフローにはプログラミング的側面もあるとはいえ、重要な処理はほとんどコネクタの中で行われる。だから、実際のプログラミングほどには難しくない局面も多いと思うよ。

> そんなものでしょうか？

> まずは1つずつの処理に分解して、どのようにすればフローが動作するかを考えてみるといいんじゃないかな。

フロー作成の具体例：メールマガジンの送付

たとえばPower Automateを利用してメールマガジンを送付する場合を考えてみましょう。Power Automateでメールマガジンを送付する場合、送信する文章と送信先のリストを読み込んだあと、そのメールをすべての送信先に送付するという処理を行う必要があります。

この場合フローチャートは次のようになります。フローチャートの処理と、Power Automateのフローアクションは一対一で対応している必要はありません。流れをまず明確にしておくことが重要です。

メールマガジンの送付フロー

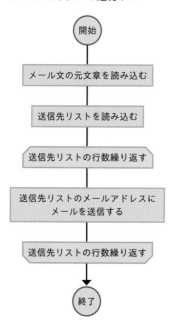

そしてここで書いたフローチャートを、そのままPower Automateのフローに置き換えていきます。なお、次ページで示すフロー内の「表内に存在する行を一覧表示」アクションは、Excelファイル内のすべてのデータを読み込み、Applyy to eachアクションで繰り返せるようにするというアクションです。

これは、上記のメールマガジンの送付フローにある「送信先リストを読み込む」に該当します。

フローチャートを基にPower Automateのフローを作成

7
フローの効率的な作成と運用

　このとき、メールの文面や、送信先リストのような変更の頻度が高い内容は、**なる べくフローの外部に別ファイルとして配置するのがコツ**です。このようにすると、メー ルマガジンの内容や送信先リストの内容が変化してもフロー自体を編集する必要がな くなります。つまり、結果的に誤ってフローの重要な部分を編集してしまい、フロー が動かなくなる危険性を減らすことが可能です。

メール文面テンプレートの一例

```
メールテンプレート.txt
1    今週もお忙しい中、[会社名]の週刊メールマガジンをお読みいただき、ありがとうございます。
2    新着商品情報やお得なキャンペーン、オフィスでの役立つヒントなど、ちょっとした息抜きにお楽しみください。
3
4    [日付] 今週のおすすめ商品：
5    [商品1]
6    [商品2]
7
8    お得な情報：
9    一部商品がお求めやすい価格で提供中です。
10   ご購入いただくと、特典として素敵なプレゼントもご用意しております。お買い物をお楽しみください。
11
12   役立つヒント：
13   オフィスでの効率的な仕事術やストレス解消法など、お役立ち情報をお届けします。
14   今週は「仕事中のストレッチでリフレッシュ！」
15   長時間のデスクワークでも気分爽快です。
16
17   ご質問やご要望がございましたら、お気軽にご連絡ください。みなさまの快適なオフィスライフのお手伝いができることを願っています。
18
19   素晴らしい一週間をお過ごしください。
20
21   [会社名] チームより
22   ---
23   [会社の連絡先情報]
```

送信先リストの一例

テンプレートや送信先リストを、Power Automateの外に切り出すことで、メンテナンスしやすくするってことですね！

COLUMN **Power Automateから参照するファイルの置き場について**

Power Automateから配置するファイルは、たとえばOneDrive上のフォルダや、OneNote、SharePointのデータベース内など、さまざまな場所に保存することが考えられます。基本的にはPower Automateがアクションで参照できる場所であれば、どのような場所でも構いません。業務の内容にあわせて、ファイルを保管する場所を決めるといいでしょう。

フロー作成の具体例：アンケートをまとめて集計する

　もう1つ例を見てみましょう。Microsoft Formsなどでアンケートを取得し、それを定期的に集計して、社内のMicrosoft Teamsチャネルに展開する場合を考えてみます。このような作業を行う場合、2つのフローが必要になります。1つはアンケートを表に保存するフロー。もう1つはその表を読み込んで集計するフローです。

アンケート取得フローと集計フロー

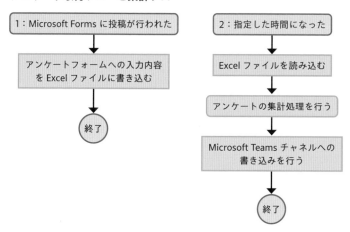

7

フローの効率的な作成と運用

　アンケート取得フローと集計フローの2つのフローを作成します。利用者がアンケートフォームにアンケートを入力した時点で、1つ目のフローが実行されてExcelファイルに情報が書き込まれます。そして、毎日指定した時間になると、2つ目のフローにより、Excelファイルが読み込まれ、その集計処理とMicrosoft Teamsへの書き込みが行われます。

　2つのフローが連携する流れを表すと、次の図のようになります。

アンケート取得・集計処理の流れ

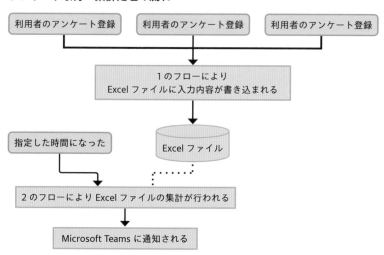

2つのフローが連携して働くなんて不思議ですね。

それぞれは個別に動いているんだけど、1つ目のフローがExcelファイルに書き込み、そのExcelファイルを2つ目のフローが読み込むから、連携した動きになるんだね。

このように、やりたいことによっては複数のフローを作って処理を行うことも、選択肢に入れる必要があります。

Power Automateでいうフローと人間から見たフロー。Power Automateでいうアクションと、ユーザーから見たアクション。2つはそれぞれ違う規模のものになってしまうことがしばしばあります。やりたい内容が1つだからという固定観念に縛られることなく、**どのような方法が一番簡単にフローを作ることができるのか、考える必要があります。**

COLUMN すでにプログラミングを経験している人は

Power Automateの数式やフローの流れは独特なところも多く、すでにいずれかのプログラム言語でプログラミングを行ったことがある方は、Power Automateでの処理の流れにとまどうこともあるでしょう。しかし、プログラミングができる人にとっても、Power Automateが持つ「インターネットサービスの接続」や「安定したWebサイトからの情報取得機構」などは魅力的であり、Power Automateを扱う価値は十分にあります。まずは本書で説明しているような非常に簡単なフローを作成してみるなどして、既存のプログラミング環境とPower Automateの違いを把握しておくとよいでしょう。

section
03

エラー対応

アクションの
実行失敗に対処する

フローを実行したら、アクションの実行に失敗して処理が止まってしまったんですよ……。

このような問題が起こったときに、どのような対処ができるかも見ておこう。

アクションの実行失敗の理由を確認する

　関数が想定外の値を受け取ったときや、各種サービスの呼び出しが失敗したときなど、Power Automateのアクションはさまざまな理由で失敗します。アクションの実行失敗についての対応を行っていない場合、フローの実行は失敗し、失敗の内容がPower Automateの画面やメールで通知されます。

アクションの実行失敗通知

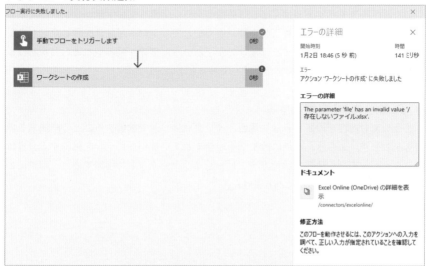

手動実行したフローの場合は画面に直接表示され、それ以外のトリガーを使用した
フローの場合はメールで実行失敗が通知されます。

アクションの実行失敗メール

　この実行失敗を示す文章はしばしば英語であり、見慣れない単語が含まれた文章で
ある場合もあります。しかしこれを読み解くことで、フローがなぜ失敗したのか？動
作するようにするにはどうすればよいのか？といった情報が読み取れることがありま
す。そのため、なるべくこの文章は読んでみるとよいでしょう。

■ インターネットで検索する

　どうしても内容が理解できない場合、インターネットで検索することで解決する場
合もあります。もちろん事前に機密情報が含まれていないかどうかを確認する必要は
ありますが、実行失敗理由の文章をコピーしインターネットで検索すると、解決のヒ
ントが見つかる場合も少なくありません。

フロー上の問題を検索するときのコツ

フロー上の問題を検索するときは、検索サイトでエラーとして表示されている内容を貼り付けて検索すると、解決策にたどり着く場合があります。

インターネットでの検索

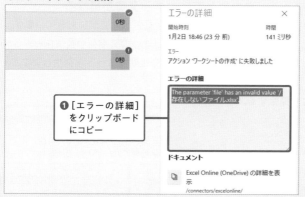

❶ [エラーの詳細] をクリップボードにコピー

❷検索サイトでエラー文を検索

フローのエラーメッセージは、同じような文章を見る人も多く、インターネット上でもその問題について言及している人が少なくありません。ただし、「ファイルの名称」「文字数・桁数などの数字」は環境によって異なるため、検索語句に含めても検索精度の向上にはつながりません。このため個々の状況に依存するようなテキストを削除してから検索すると、より検索精度が高まります。

このように、どうすれば問題解決のためのヒントが見つかりやすいか、想像してから検索文言を設定してみるとよいでしょう。

よくある問題と対策

ここからはフロー実行における、よくある問題とその対策について紹介していきましょう。

■ 関数が要求しているデータの型と変数のデータ型が異なる

数式で用いられる関数には、引数ごとに使用できるデータ型が決まっています。数値を要求している場面で文字列の変数を指定したり、1つの文字列や数値を要求している場面で配列を指定したりすると、フローを実行する段階でエラーが発生します。

データ型が異なることで発生するエラー例

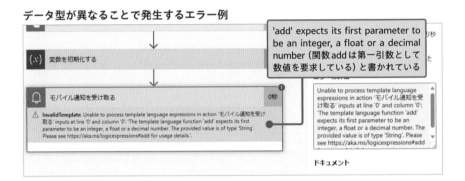

このように要求しているデータ型と異なるデータ型を指定した場合、英語でエラーメッセージが表示されます。変数に予想外の数字が入っていないか、データ型は予想通りの値なのかなど、変数の設定内容を確認してみましょう。

また関数の利用方法についてなど詳しくは、P.54でも紹介した、以下のMicrosoftの公式ドキュメントを参照してください。

● Power Automateのワークフロー式関数のリファレンスガイド
https://learn.microsoft.com/ja-jp/azure/logic-apps/workflow-definition-language-functions-reference

■ 変数の再設定はできない

これはプログラミング経験がある方ほどつまずきやすい問題なのですが、変数の設定アクションでは、値にその変数自身を使うことはできません。プログラムで書くと「x=x+1」や「name=name+"かきくけこ"」に該当する処理ができないのです。

変数の再設定で発生するエラー例

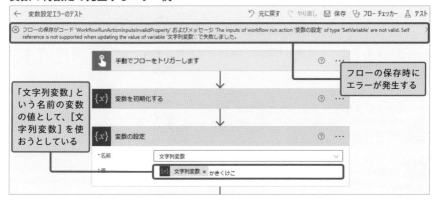

　どうしても変数の設定アクションで、その変数を利用したい場合は、**一時的に別の変数を用意する**など同じ変数を使わない工夫が必要になります。

■ 外部サービスの利用回数制限

　アクション実行失敗の理由として非常によくあるのが、**外部サービスの利用回数制限**です。最近のサービスは会員ごとに利用回数や利用時に使用するデータ量の制限が設定されている場合があります。これらの問題については、問題が発生したアクションの詳細より確認できる場合があります。

サービス利用回数上限によるエラー例

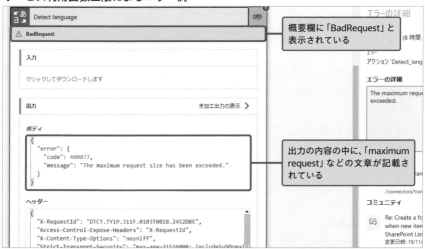

241

■ メールアドレスなどの情報不備

メールアドレスが指定されていないなどの理由でメールが送信できない場合、「アクション実行失敗」として報告されます。たとえば、Excelの送信リストを参照してメールを送信するフローを実行した際に、送信リストのメールアドレスが抜けていた場合などに発生します。

メールアドレスが未入力だった場合のエラー例

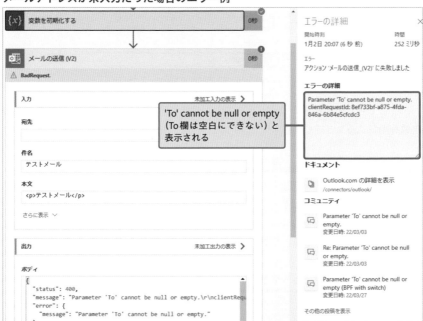

このような場合は、変数に値が設定されているか、読み込み元のファイルに値が設定されているかなどを確認してみましょう。

■ 問題を早期に検出して対応するために

ここまでに挙げた問題に早期に対応するには、変数がどのような値を取り得るか、トリガーやアクションの値がどのような値を取り得るかを把握しておくほか、変数の内容を実行結果から確認できるようにするなど、フローを作成する段階から問題に気づきやすくする仕組みを検討しておくとよいでしょう。

フローの実行結果には、アクションごとにどのような情報が入力されたか、結果どのような情報が出力されたかという情報が表示されています。

フローの実行結果で確認できる情報

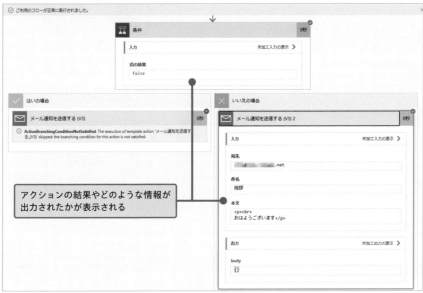

　これらの内容を確認し、実行に失敗したアクションに想定通りの値が設定されているか確認しておくとよいでしょう。

アクションの失敗がフローの実行に大きな影響を与えない場合

　たとえば、複数のサービスに情報を送信する場合など、1つのサービスの実行失敗がフロー全体に影響を与えない場合があります。そのようなときは、アクションの設定を変更することで、**1つのアクションの実行に失敗しても、フロー自体は動作を継続する**ようにすることも可能です。

　アクションの実行に失敗しても、フローを継続させるには、「実行条件の構成変更」という機能を利用できます。

アクション失敗時の動作設定

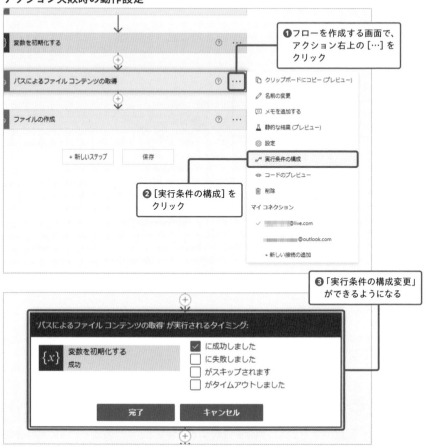

チェックボックスの名称	意味
に成功しました	前のアクションの処理が成功したときに実行される
に失敗しました	前のアクションの処理が失敗したときに実行される
がスキップされます	前のアクションの処理がなんらかの結果によりスキップされた（実行されなかった）ときに実行される
がタイムアウトしました	前のアクションがタイムアウトにより処理を中断したときに、アクションは実行される

　ただし、アクションの実行に失敗した場合、そのアクションに関する値は使用できないことに注意する必要があります。

section 04

変数の利用方法　フローとデータの分離

変数を活用する

> 変数を使うことは、ときに問題の究明にかなり役に立つ
> ことがある。これらについても改めて説明しておこう。

変数を値の定義として使用する

　フローの中で頻繁に使用する値や、フロー外部のさまざまな事情で変更が発生し得る値は、アクションの値として直接設定するのではなく、あらかじめ**変数に格納しておくことで変更の影響を最低限に抑えることができます。**

　たとえば、フロー内で使う日付や、定型的な文字列、計算に用いる数値など、フローの中で使うデータがあればなるべく変数として定義しておくと、フローの管理がしやすくなります。

■ フロー内で特定の日付を扱う場合

　たとえば、フロー内で、特定の日付を扱う場合を考えてみましょう。フローを実行した日付そのものなど、トリガーの出力などの日付を扱う場合は、変数に日付を格納しなくても目的の処理を行うことはできます。しかし、ここで変数を使うことによって、現在日付ではないケースでの、日付の動作確認が容易になります。

　たとえば、日付の中の年の値を見てファイルを保存するフォルダを決める処理があったとします。その場合、次のような可能性も想定して動作テストする必要があります。

● 翌年など「まだ訪れていない年の日付」を指定した場合も、正しくファイルは保存されるのか？
● 2月29日がある、うるう年などに実行しても、日付に関する計算が誤って実行されないかどうか？

　一度変数に日付を格納しておけば、その**変数の日付を変える（変数の設定アクションを利用する）**ことで、容易にテスト環境を構築できるようになります。

日付を変数に格納することでテストが行いやすくなる

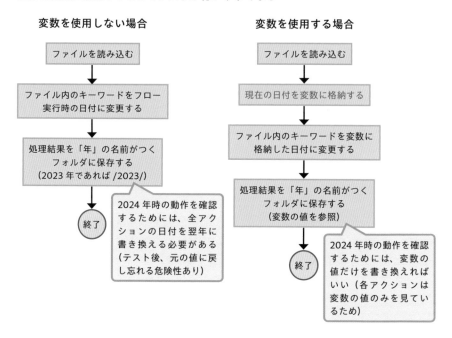

変数を使用しない場合

- ファイルを読み込む
- ファイル内のキーワードをフロー実行時の日付に変更する
- 処理結果を「年」の名前がつくフォルダに保存する（2023年であれば /2023/）
- 終了

2024年時の動作を確認するためには、全アクションの日付を翌年に書き換える必要がある（テスト後、元の値に戻し忘れる危険性あり）

変数を使用する場合

- ファイルを読み込む
- 現在の日付を変数に格納する
- ファイル内のキーワードを変数に格納した日付に変更する
- 処理結果を「年」の名前がつくフォルダに保存する（変数の値を参照）
- 終了

2024年時の動作を確認するためには、変数の値だけを書き換えればいい（各アクションは変数の値のみを見ているため）

■ メールなどの文面を定義する場合

　P.232でも説明しましたが、メールなどで送信する文面は、フローの内部ではなく、ファイルなどフロー以外の場所に定義しておくことで、変更しやすくなります。

メールの文面を外部に置くことでフロー自体の変更の手間を減らす

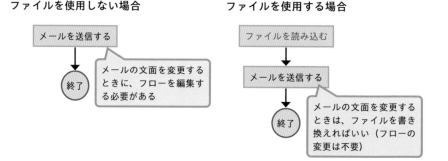

ファイルを使用しない場合

- メールを送信する
- 終了

メールの文面を変更するときに、フローを編集する必要がある

ファイルを使用する場合

- ファイルを読み込む
- メールを送信する
- 終了

メールの文面を変更するときは、ファイルを書き換えればいい（フローの変更は不要）

　たとえば、メールの文面をフロー内に組み込んでいる場合、メールの文面を変更するために毎回フローを編集する必要があります。

　また、Power Automateでは、初期状態でフローを編集できるのはフローを作成した人だけで、それ以外の人が編集をするためには、その人に**編集権限**を与える必要があります。メールの文面がフロー内に直接定義されていると、メールの文面を変更できるのは**このフローの編集権限を持っている人だけ**になってしまうという問題があります。

■ 通常の処理とテスト時の処理を分ける場合

　通常の処理とテスト時の処理が異なる場合も、変数が使えます。通常時は変数の値はそのままにしておき、動作確認のときに変数の値を変更することで、外部への送信などの一部の処理を抑制するなどといったことが可能です。

通常の処理と動作確認時の処理を分ける

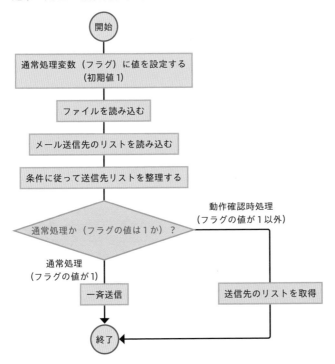

　このようなときは、変数を使うほかにも、手動でフローを実行する際の入力を使うことができます（P.117参照）。

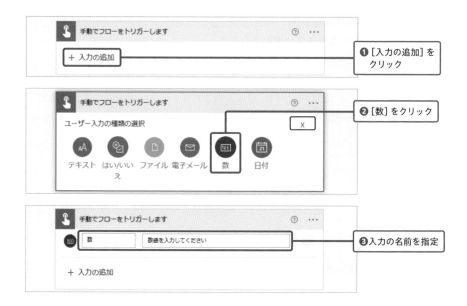

❶ [入力の追加] を
クリック

❷ [数] をクリック

❸入力の名前を指定

　このようにすると、動的なコンテンツとして「数」という値が利用できるようになります。たとえば、ここで入力した数値が0であればこの動作を行う。1であれば、この動作を行うというような分岐を作成することが可能になります。通常実行の際とテストの際に動作を分けるといったことも可能です。

Power Automateに行わせたい動作を示すフローと、そのフローで用いるデータを分離するという考え方はとても重要だよ！　つまり、フローとデータの分離だね。

フローとデータの分離かあ。なんだかカッコイイですね！

　必要に応じて、テキストファイルやExcelファイルから情報を読み込むなどといったアクションを利用し、フローとデータを別々に管理できるようにしましょう。
　この2つを分離して管理することで、次のようなメリットがあります。

● データの編集時、誤ってフローを編集して壊してしまう心配がなくなる
● フロー編集者とデータ編集者が異なる場合、役割分担が容易になる

section 05

フローの共有　フロー作りのルール

フローの共有方法・活用テクニック

Power Automate を社内で使用する場合、その運用方法についても考えておく必要がある。

確かに部署で一緒に使えると便利ですね。

最後に共有方法や活用方法についても学んでおこう。

チーム間でのフローの共有（有料のみ）

　社内でMicrosoft 365を活用している場合、チーム間でフローを共有したいこともあります。無料トライアルではできませんが、Microsoft 365の法人アカウントでPower Automateを使用しているなら、フローを実行する人、編集する人を複数人設定することができます。これらの設定は、フローの詳細画面右側の項目で編集できます。

編集者・実行者の設定

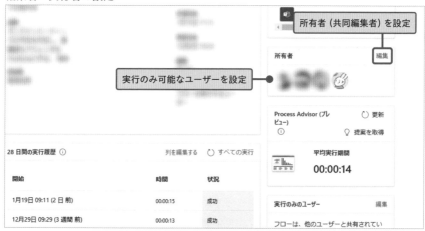

これらを設定することで、作成者以外の人がPower Automateフローを編集したり、実行したりすることができます。組織でフローを使う場合は、誰がこのフローを実行するべきなのか、編集するべきなのかを検討して設定を行いましょう。

フロー作成時のルール作り

　Power Automateでフローを作成する場合は、ただ作ればいいというわけではありません。思いつきで各員がバラバラにフローを作っていては、さまざまな問題が起こります。

- 同じようなフローが乱立してしまう
- フローの名前の付け方が作成者ごとにバラバラで、どのフローが何をするのかわかりづらい
- フローごとに変数などの使い方が全く違う
- どのフローが最新で、現在運用されているものなのかがわからない
- いざ複数人で共有しようといったとき、作成者以外が使用できないアクションを使っているなどの原因で作成者以外が使えない状態になっている

　このようなことが起こらないように、誰がいつどのようにしてフローを作るのか、しっかりとルール化しておくことが大切です。

- フローの命名にルールを設ける、概要文をしっかり設定するなど、不用意に同じようなフローが作成されなくなる仕組みを作る
- フローの初期入力値や変数名に一定のルールを設けることで、フローごとの使い方を統一させる
- フローの運用状況について定期的に見直し、使われなくなったフローは無効化を行う・概要文にその旨を明記するなど、運用されていないフローが明確にわかるようにする
- フローの利用者を変更するときは、その中で利用しているアクションについて、改めて他者も使えるか確認する

　このようにフローの作成や運用に一定のルールを設けることで、フローが無計画に増えないようにするとよいでしょう。
　とはいえ、あまり厳しいルールを作ってしまうと、フローを作る際に確認すべきことが多くなり、結果フローが作りにくくなる可能性もあります。そのようになっては

さまざまな業務を効率化するという Power Automateのメリットが薄れてしまうので、厳しすぎる縛りを設けることなく、Power Automateの利用スキルを持っている人が動きやすいルールを作成することが重要です。

スマートフォンアプリのさらなる活用

P.36でも解説した通り、Power Automateにはスマートフォンのアプリもあります。このアプリを使えば、スマートフォン上からPower Automateのフローを確認したり、承認処理を行うことも可能です。

Power Automateのスマートフォンアプリ

■ フローの実行と実行履歴の確認

フローの実行や、実行履歴の確認をしたい場合、スマートフォン版のPower Automateアプリからフローの一覧を表示します。するとフローの詳細が表示されます。ここで実行履歴の確認やフローの無効化を行うことができるほか、手動で実行できるフローについては、この場でフローの実行も可能です。

7
フローの効率的な作成と運用

アプリでフローの詳細を確認する方法

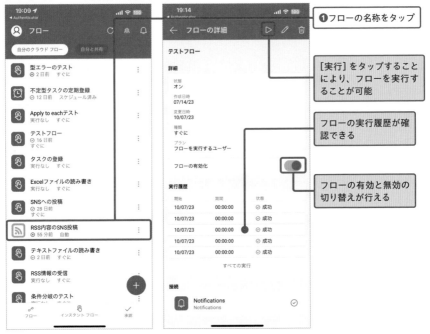

❶フローの名称をタップ

[実行]をタップすることにより、フローを実行することが可能

フローの実行履歴が確認できる

フローの有効と無効の切り替えが行える

■ 承認処理（有料のみ）

　Microsoft 365 でPower Automate を使っている場合は、スマートフォンの画面から簡単に承認の要求を確認、処理することができます。

フローの承認処理

　すべての機能を実行できるわけではありませんし、パソコン上でないと操作がしづらい箇所もありますが、このアプリを利用すればフローがエラーになっていないか、承認処理が必要なものはないかなどの状況を外出先でも確認できるようになります。

INDEX

● 著者プロフィール

高見知英（たかみ・ちえ）

フリーランスプログラマ。

プログラミングやPC・スマートフォンの入門者向け講習・書籍制作を行う。

また、NPO法人 まちづくりエージェント SIDE BEACH CITY.理事として、横浜市内でITの知識をより多くの人に知ってもらうための活動を実施している。

地域活動・コミュニティ活動を紹介するポッドキャスト番組SBCast.やSBC.オープンマイクなどのYouTube番組も配信中。

● スタッフリスト

カバーデザイン	沢田幸平（happeace）
カバー・本文イラスト	千野エー
本文デザイン	横塚あかり（リブロワークス・デザイン室）
DTP	リブロワークス・デザイン室
校正	株式会社聚珍社
デザイン制作室	今津幸弘、鈴木 薫
制作担当デスク	柏倉真理子
編集	大津 雄一郎、藤井 恵（リブロワークス）
編集長	柳沼俊宏

本書のご感想をぜひお寄せください

https://book.impress.co.jp/books/1122101125

「アンケートに答える」をクリックしてアンケートにご協力ください。アンケート回答者の中から、抽選で図書カード（1,000円分）などを毎月プレゼント。当選者の発表は賞品の発送をもって代えさせていただきます。はじめての方は、「CLUB Impress」へご登録（無料）いただく必要があります。

※プレゼントの賞品は変更になる場合があります。

アンケート回答、レビュー投稿でプレゼントが当たる！

読者登録サービス　CLUB Impress　登録カンタン 費用も無料！

■商品に関する問い合わせ先

このたびは弊社商品をご購入いただきありがとうございます。本書の内容などに関するお問い合わせは、下記のURLまたは二次元バーコードにある問い合わせフォームからお送りください。

https://book.impress.co.jp/info/

上記フォームがご利用いただけない場合のメールでの問い合わせ先
info@impress.co.jp

※お問い合わせの際は、書名、ISBN、お名前、お電話番号、メールアドレスに加えて、「該当するページ」と「具体的なご質問内容」「お使いの動作環境」を必ずご明記ください。なお、本書の範囲を超えるご質問にはお答えできないのでご了承ください。

- ●電話やFAX でのご質問には対応しておりません。また、封書でのお問い合わせは回答までに日数をいただく場合があります。あらかじめご了承ください。
- ●インプレスブックスの本書情報ページ https://book.impress.co.jp/books/1122101125 では、本書のサポート情報や正誤表・訂正情報などを提供しています。あわせてご確認ください。
- ●本書の奥付に記載されている初版発行日から3年が経過した場合、もしくは本書で紹介している製品やサービスについて提供会社によるサポートが終了した場合はご質問にお答えできない場合があります。

■落丁・乱丁本などの問い合わせ先

FAX：03-6837-5023
service@impress.co.jp

※古書店で購入された商品はお取り替えできません。

よく分かるPower Automate
ルーチン作業の自動化を成功させる方法

2023年12月21日　初版発行

著 者	高見知英
発行人	高橋隆志
発行所	株式会社インプレス
	〒101-0051　東京都千代田区神田神保町一丁目105番地
	ホームページ　https://book.impress.co.jp/
印刷所	株式会社暁印刷

本書は著作権法上の保護を受けています。本書の一部あるいは全部について（ソフトウェア及びプログラムを含む）、株式会社インプレスから文書による許諾を得ずに、いかなる方法においても無断で複写、複製することは禁じられています。

Copyright ©2023 Chie Takami. All rights reserved.
ISBN978-4-295-01824-7　C3055
Printed in Japan